不被
他人左右

[日] 桑原晃弥——著

陈旭——译

もう他人に振り回されない! アドラー式「ス
トレスフリーな人」の７つのすごい!仕事術

中国科学技术出版社

·北 京·

Original Japanese title: MOU TANIN NI FURIMAWASARENAI! ADLER SHIKI "STRESS FREE NA HITO" NO 7 TSUNO SUGOI! SHIGOTOJUTSU
Copyright © Teruya Kuwabara 2021
Original Japanese edition published by Kasakura Publishing Co., Ltd.
Simplified Chinese translation rights arranged with Kasakura Publishing Co., Ltd.
through The English Agency (Japan) Ltd. and Shanghai To–Asia Culture Co., Ltd.

北京市版权局著作权合同登记 图字：01-2024-0430

图书在版编目（CIP）数据

不被他人左右 /（日）桑原晃弥著 ; 陈旭译 .
北京 : 中国科学技术出版社，2024. 10. -- ISBN 978-7-5236-0942-2

Ⅰ . B848.4-49

中国国家版本馆 CIP 数据核字第 2024PZ7493 号

策划编辑	李 卫	责任编辑	高雪静
封面设计	仙境设计	版式设计	蚂蚁设计
责任校对	邓雪梅	责任印制	李晓霖

出 版	中国科学技术出版社	
发 行	中国科学技术出版社有限公司	
地 址	北京市海淀区中关村南大街 16 号	
邮 编	100081	
发行电话	010-62173865	
传 真	010-62173081	
网 址	http://www.cspbooks.com.cn	

开 本	880mm×1230mm 1/32	
字 数	124 千字	
印 张	6.5	
版 次	2024 年 10 月第 1 版	
印 次	2024 年 10 月第 1 次印刷	
印 刷	大厂回族自治县彩虹印刷有限公司	
书 号	ISBN 978-7-5236-0942-2/B·186	
定 价	59.00 元	

（凡购买本社图书，如有缺页、倒页、脱页者，本社销售中心负责调换）

"我有想做的事，但没时间做。"

"我也想搞副业，但手里没本钱。"

"这把年纪了，想学什么都晚了。"

"我害怕失败，不想被周围人嘲笑。"

"如果我半途而废，简直太丢人了。"

有些人总是在发愤图强之前给自己找各种借口。

从今天起，不再为自己找任何借口！

人生就是不断做选择的过程。

而过往的选择，造就了今天的你我。

几乎可以肯定的是，当我们做出选择的时候，没人能保证百分百选对。

在我们思考到底该不该尝试的时候，总有人这么说：

"如果不论尝试与否都要后悔，那么我还是想要尝试一下。"

是的，没有尝试就放弃，会让我们更加悔恨。

但是"做不到的理由成百上千"，无论是工作还是生活中，"找理由不去尝试"也是人性使然。

结果，即使我们眼前有"想做的事情"，也因为各种借口而没能实现。

长此以往，我们的人生就会被悔恨填满。

与其过完充满悔恨和压力的人生，倒不如勇敢迈出第一步，宁愿尝试之后再后悔。

当然，有些人对这句话仍旧不认可，依然要找新的借口。对这些人，我只想说：

"只要付出努力，勤奋训练，人们就可以成为任何他们想成为的人。"

这句话是心理学家阿尔弗雷德·阿德勒（Alfred Adler，1870—1937）的名言。

近年来，市面上关于阿德勒心理学的书籍越来越多，与同为心理学家的弗洛伊德和荣格相比，阿德勒的人气似乎已经超过了他们。

为什么如今阿德勒的理论得到如此多读者的支持？

因为，**阿德勒主张的"生存能力"，恰与当今时代的主题完美契合。**

阿德勒认为，人的生活方式不应该被遗传或人生经历所束缚，而是应该朝着自己选择的目标，通过自己的力量开辟道路。

诚然，我们无法改变过去已经发生的事，也无法改变周围那些令人厌烦的人。

但正如阿德勒所说，我们可以通过自己的意志力去改变自己，改变未来。

因此，**我们需要一种不会给自己带来压力的思维方式。这种思维方式能让我们不再寻找借口，不再因他人的眼光放弃自己的理想，而是坚定目标、勇于尝试。**

其实，所谓借口，不过是我们在试图说服自己——你做不到。

也正因如此，当你想做出尝试的时候，心里却冒出好多借口，不妨试着想一想："这其实就是我真心想做的事情，它正在暗示我去尝试。"然后，就迈出那小小的一步吧！

人生中重要的不是判断自己所做的事情是否正确，而是努力让自己能够说出："我所做的事情都是正确的！"

因此，请你凭自己的意志做出选择吧！

在一次次选择的过程中，你会不断发现自己的变化。日积月累，直到有一天，你的内心已经燃烧起了变革的烈火！

我认为，与其搜肠刮肚地寻找"做不到某事的借口"，倒不如想想如何才能做到，不断向前迈进吧！

本书的撰写和出版，离不开笠仓出版社的三上允彦先生和新居美由纪女士，以及负责企划编辑事项的 OCHI 企划公司的越智秀树及越智美保夫妇的辛勤工作。在此，请允许我向他们表达最诚挚的感谢。

桑原晃弥

C O N T E N T S

053 第三章
能否把"准备"变为"成果"

第四章
让你"不被他人左右"的小习惯

109

第五章
"救世主"的共同点

第六章
改变不通情理者的人际交流技巧

第七章
练习如何驱动他人

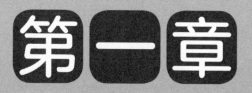

最后的胜利属于"行动派"

CHAPTER 1

1 第一话
交不出满分答卷，就先争取及格吧

关键在于"起步"，不断改善，向着 100 分稳步迈进吧

　　阿德勒经常说"勇气"和"鼓起勇气"，他认为勇气可以分为三种，即**"接受不完美的勇气"、"敢于面对失败的勇气"和"勇于揭露错误的勇气"。**

　　其中"接受不完美的勇气"，在我们迎接挑战、创造成就的过程中，有着重要的指导意义。

　　一个资历尚浅的年轻员工，第一次接受领导委派的任务时，必然会感到紧张不安，不敢迈出第一步。而这背后最主要的原因，往往是他们内心对成功的渴望太过强烈，导致他们"不想失败""想从一开始就做到完美"。此时，我希望他们想起这句话：

　　"目标不该是 100 分，先做到 60 分就够了。"

　　这是丰田汽车工场的领导对第一次接受任务的员工们常说的一句话。与其为了达到 100 分而踌躇不前，倒不如带着"先考个 60 分"的心态付诸实践。

即便结果并不完美，我们也可以想想自己应该朝哪方面努力，不断改善，最终达到 100 分。

这就是阿德勒所说的"接受不完美的勇气"。

当今，我们最需要的就是"先付诸实践，遇到问题马上改善"的精神，从而形成"实践和改善"的高速循环。

因此我们不需要做到"完美起步"，而要做到"不断改善，尽快接近完美"。

起步阶段即便不够完美，我们也要毫不犹豫地迎接挑战。有了这份勇气，我们才能迅速地接近完美。

2 第二话
失败的时候就大声喊出"我失败了"

写下"失败报告"，让失败成为一次"学习机会"

某金融机构的高层在入职仪式上经常对新员工说：

"失败的时候，就要大声喊'我失败了'！"

新员工在工作方面难免会犯错。

但是，如果因为觉得失败很丢脸，或者害怕被批评，就选择隐瞒失败，最终不论是对人对己都会造成麻烦。

而敢于大声说出"我失败了"的人，则能得到身边资历更深的同事和领导的关心。

对方往往也只不过会抱怨一句"你怎么搞的嘛"，之后就会帮你弥补这次失败，或者给你一些建议。

隐瞒失败会让伤痛伴随终身，只有当场解决问题，你才会获得成长。

这就是阿德勒所说的**"勇于揭露错误的勇气"**。

我们从小就经历了各种失败，并从中不断学习，不断成长。所以我们其实根本没必要害怕失败。

不隐瞒失败，而要揭露失败

但是，我们有时候太好面子，不想让自己蒙羞，也不想被领导斥责，所以才会隐瞒失败，总觉得靠自己也能搞定，因此内心十分纠结。

其实这样做非但不能从失败中学习经验，更会让你一次次重蹈覆辙。

所以失败了也不要隐瞒，而要实话实说，并尽快纠正。

之后就写一个"失败报告"，搞清楚自己为什么会失败。

反复磨炼虽看似笨拙，但你会稳步成长，最终不再畏惧失败，并勇于接受挑战。

3 | 第三话
失败也有好坏之分

成功者会赶在失败成为致命伤之前迅速改善

当人们看到一位成功者时，往往只关注结果，但要知道，人之所以能走向成功，那是因为他们掌握了"良性失败"的方法。

优衣库的创始人柳井正曾经表示，优衣库之所以能受到如此多顾客的追捧，主要是因为距今 20 多年前，他们在东京原宿开店的时候，正巧赶上日本的"羊毛衫风潮"。

其实优衣库是一家积累了许多败绩的公司。

起初柳井正开了一家名叫"SpoClo"的运动服饰专卖店和另一家主打居家服的"FamiClo"服装店。随后他又开设了 35 家分店，结果每家店都没撑过一年就倒闭了。

这真是一次彻头彻尾的失败。不过阿德勒曾经对失败做出过如下评价：

"不要让失败打击自己的勇气，失败恰恰是迎接新挑战的机遇。"

不因失败而气馁，而应该迅速寻求改善

挑战新领域，难免会遭遇失败。

柳井先生认为："无论计划得多么充分，想要开拓新事业，总需要摸着石头过河，也难免会遭遇失败。"

但类似"已经花了很多钱了，现在放弃实在太亏了""如果现在就放弃，肯定要为损失负责"的想法，完全是在顾及脸面。犹豫不决，不愿就此撤店，恐怕今后还要吃更大的苦头。

关键在于，要在失败发展成致命伤之前壮士断腕，从失败中总结经验教训。

任何人一旦过于害怕失败，都会失去挑战精神。想要做到不惧失败，勇于挑战，那就要想办法找到失败的价值。

4 ｜第四话
年龄不是借口

有些大人物 60 岁时失去一切但终获成功

阿德勒心理学的特征是不惧失败、勇于向前的"乐观主义"。

如果用阿德勒的乐观主义观点看问题，那么即使失败了，也会知道自己能做什么、不能做什么。而后我们还能再接再厉，继续调整。

与之相反的就是悲观主义。悲观主义者一旦努力得不到回报，就会害怕面对失败的事实，不敢继续挑战。

虽然不失败的人生更轻松，但这种生活方式不会带来成长，而且许多人认为失败和试错也有"年龄限制"。

一场新冠疫情让各行各业迅速降温，很多行业和企业开始裁员。这些公司的裁员手段主要包括劝退员工和关闭工厂。对于公司的老员工来说，突然失去工作是非常痛苦的。特别是当他们达到一定年龄时，再就业就变得非常困难。

当遭遇这种情况时，你也许会感到自己是个失败者，但

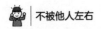

活到老，挑战到老

我希望你能想起阿德勒的名言："**不要让失败打击自己的勇气，失败恰恰是迎接新挑战的机遇。**"

众所周知，肯德基的创始人哈兰·山德士（Colonel Harland Sanders）在 60 多岁的时候卖掉了自己经营多年的餐馆，继而下定决心创立了肯德基，他说："有生之年，我都会不断挑战自己。"

不要因为年龄而放弃自己，不要轻言"日月逝矣，岁不我与"。无论年龄多大，都可以不断挑战自我。

5 | 第五话
追求成功的人容易陷入的误区

失败令人成长，成长带来成功

丰田公司的前任董事长张富士夫年轻时，曾经有一位老前辈对他说：

"我们的现在是通过不断失败积累而来的。正是通过失败，我们才能决定下一步的方向。如果只有成功而没有失败，我们就无法找对方向。"

如果把人生比作游戏，遭遇失败时我们当然能够重来一局，下一局再看看攻略书，找一找更高效的通关方法。

哪怕已经通关，也可以再三尝试，争取刷新最高得分。

但人生真的不是游戏。

失败之后不能轻易重来，也没有所谓的攻略书指导我们通关，而且人生根本不能重来。

虽然人要面对很多困境，但阿德勒却认为"有困境，人生才精彩"。

阿德勒在演讲中对个人心理学的思想进行了全面解释，

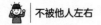

能够成长的人拥有面对失败的勇气

然后向参与者补充道：

"只有活在当下的我们，才有资格犯如此多的错误。"

人们虽然会经历许多失败，犯许多错误，但阿德勒认为，

"失败的勇气"和"揭示错误的勇气"，能够让人获得成长。

是啊，只有经历失败，人才会成长！

6

第六话
比成功经验更重要的是"跨越失败和困难的能力"

年轻时没有经历失败与挫折，将来必然要吃亏

20世纪的一代球王、足球教练约翰·克鲁伊夫（Johannes Cruijff）曾经说过："我们必须要让有才能的年轻人遭受挫折，挫折是让运动员获得成长的一剂良药。"

也就是说，**人要与"困难"和"挫折"做斗争，从而磨炼技术**。

当然，在人的成长过程中，"成功经验"的作用非凡。即使是小小的成功经验也会逐渐积累，最终转化为强大的自信。

但是，如果认为人们的成长路上只需要成功经验，那就大错特错了。虽然成功经验很重要，**但更重要的是克服失败和困难的能力**。

阿德勒在幼年时期患有佝偻病，但他还是愿意和健康的孩子一起玩耍，并且尽力克服疾病带来的各种不便。从那时起，他便意识到**"在生命的早期，学会如何克服失望和挫折是十分重要的"**。

失败和挫折恰恰是成长的机会

那么，没有经历过困难，一直被父母宠爱和保护的孩子会怎样呢？阿德勒说："最终，他们将面临世界的严酷现实，并受到现实的惩罚。"

人们遇到挫折和困难时，总想赶紧逃离。我希望你能回想起《菜根谭》中的一句话：**居逆境中，周身皆针砭药石，砥节砺行而不觉。**

当处于逆境中，我们就要保持积极心态，告诉自己"现在我正在接受试炼，眼前正是成长的机会"。

7 | 第七话
集中眼前事，不为不可控的事物烦恼

不要试图去解决自己无法控制的事情

阿德勒曾经说过，"**与暴雨斗争，最终失败的还是自己，而且还会浪费时间**"。

那么所谓"与暴雨斗争"到底指的是什么？其实这就是阿德勒心理学中的**"课题分离"**。

比如天突然下雨了，你会怎么做？

如果带伞了，那自然是撑伞遮雨，没带伞就只好去买伞、找地方避雨或者干脆打车回家。

阿德勒"与暴雨斗争"的比喻，其实是在劝导我们，不要试图解决那些我们根本掌控不了的事情。

换句话说，面对一个问题时，我们只需要关注"我能做什么"，不需要为自己做不到的事而分心。

但是当行业不景气、业绩难以提升的时候，总有些人怨天尤人"政府应该想点办法搞活经济"，他们只关注国家的经济政策。用阿德勒的话来说，他们就是"与暴雨斗争"的人。

世界上既有你能掌控的事情，也有你不能掌控的事情。虽然政府的经济政策是你无法控制的，**但你还是应该踏踏实实地做好每一件自己能掌控的事，比如改进服务、调整价格、积极开展营销活动等。**

阿德勒认为，这种方法比"与暴雨斗争"要有效得多。

被誉为"经营之神"的松下幸之助先生（松下公司的创始人）也说过一句名言，"下雨要打伞"。

8 | 第八话
突破工作中的难关

一开始就拒绝挑战，就是在限制自己的可能性

阿德勒心理学的特征之一是，不认为才能会受到遗传因素的影响，而认为**"任何人都能做到任何事"**。当然，成功的背后是不懈努力。阿德勒的观点是，只要有成功的可能，努力终能获得回报。

阿德勒上中学的时候，由于非常不擅长数学只能留级。在父亲的鼓励下，他刻苦学习，最终竟然成为全校的数学尖子生。

这件事让他明白了一个道理："**任何人都能做到任何事。**"

不过很多人都反对这一点。我真心向他们推荐音乐家坂本龙一先生的一句名言：

"人们不会给自己安排一个不可能完成的任务，没有人希望经历过多的艰难险阻，但别人会难为你。如果有人要求你做一件从未接触过的工作，你首先要做的就是让自己投入其中。"

坂本先生这句话的意思就是**让我们接受挑战**。除了组建

有时候你要接受挑战

YMO 乐团外，坂本先生还在电影《战场上的快乐圣诞》和《末代皇帝》中，分别挑战了演员和电影配乐的工作。

对于坂本先生而言，这两项工作都是未知的体验，而且制作期限等条件都非常严格。但他认为，正是因为"战胜"了这些"无理要求"，他才得以突破自身能力的极限。

在工作中，我们也常常要接受很多"不可能完成的任务"。或许这些任务会令我们束手无策。

但是选择逃避，也就是扼杀了自己的"可能性"。要想成长，就要相信自己能够克服任何困难，挑战自己的极限。相信自己，你一定能行！

9 ｜ 第九话
灵光一现，立即行动

在你深思熟虑的时候，已经有人行动了

1994 年，亚马逊公司的创始人，当时还是美国纽约萧氏量化对冲基金公司副总裁的杰夫·贝佐斯（Jeff Bezos）惊奇地发现："互联网行业每年都能实现 2300% 的增长。"（后来发现这是贝佐斯的误解。）

于是他立刻辞去了副总裁的职务，着手创立了亚马逊公司。

尽管当时还没有人通过互联网进行商务活动并取得成功，但互联网行业的成长速度极快，如果不抓住机遇采取行动，可能就会失去成功的机会。这种强烈的紧迫感促使贝佐斯迈出了创业的第一步。

无论多么出色的想法，仅仅在脑海中思索并没有任何意义。只有付诸实践，想法才能变成现实，并让你成为先驱者。阿德勒说过：

"在你寻梦或深思的时候，时间已经慢慢流走。但时过境迁，剩下的只有借口——'我本可以做到的，但我已经没有

灵光乍现，立即行动

"机会证明了'。"

"时间"是决定商战胜败的重要因素。

如果你看到一件新发明的产品，还有闲心评价"我很早之前就想到这个了"，那还不如抓紧时间，把自己的想法付诸现实。

而且，**如果你有想法但没有行动力的话，那接下来请试着一旦心里有想法，就赶紧采取行动。**

或许有时候你还是会失败，但至少不会后悔地说："那时候，我本应该……"也不会因为被别人超越而懊丧。最终，哪怕遭遇失败，你也能把失败化为经验，让失败为成功提供"养料"。

10 | 第十话
将学习转化为行动的魔法

一旦学习了新的知识或技能，就应该立刻问自己"我能否将其应用到实践中"

丰田公司的一位领导曾讲过一个故事。他的下属每次参加完研讨会或听完讲座回来后，都会说"感谢您给我参加这次研讨会的机会，我学到了很多知识"，而这位领导也会嘱咐下属：

"这很好啊！那么请你写一份报告，让我了解一下有什么值得我们实践的。我希望之后你能报告一下实践结果。"

研讨会和讲座带来的震撼往往只是暂时的，很容易就会消失。

重要的并非"听了、学了、受震撼了"，而是"实践并获得成就"。

关于"学习和实践"，阿德勒曾有如下表述：

"心理学并非一朝一夕就能掌握的学问，必须要通过学习和实践相结合，才能真正掌握。"

但话说回来，凡事都实践，难度确实太大。

虽然我们想要与工作伙伴及家人和睦相处，但有时会因

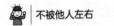

为孩子不听话而想要"修理"他们；或者想要培养表现不佳的下属，却不自觉地说出"你最好辞职"之类的气话。

如果你遇到了那些表现不佳又不肯实践的人，你可以推荐他们这样做：

当读完一本书或者听完别人的讲话后，如果觉得"这些我都知道"，那么就要问自己"我是否能够将这些知识应用到实践中去呢？"

如果不能，那就暂时只需要记忆；如果可以，那就应该赶紧去实践。

只有这样做，才相当于朝着"实践者"的方向迈进了一步。

11 | 第十一话
应对变化比预测未来更可贵

预测自然缺乏准确性，所以我们才需要应对变化的能力

一到年底，就会有专家预测下一年的大环境，但他们的预测往往不准。

尽管如此，人们仍旧乐此不疲地预测未来。前任通用电气公司首席执行官杰克·韦尔奇（Jack Welch）曾经说过："如果有时间去考虑这些事情，倒不如尽快学会如何应对变化。"

在他担任首席执行官期间，国际上发生了诸如拆毁柏林墙、海湾战争之类的大事，这些事情没人能够预测。对此他表示："显而易见的是，我们要赶在变化发生之前，迅速做出应对。"他认为，企业的成就并非源于计划和预测，而是源于始终关注正在发生的变化，并迅速做出反应。

阿德勒有一段关于婚姻的评述：

"人们无法预测落石的轨迹，正如我们无法预测婚姻的未来一样。"

正如阿德勒所言，两个人相爱并走入婚姻殿堂，他们

不要被计划束缚手脚，要懂得灵活应对

的未来如何，没人能够预测，更何况是预测整个社会的变化呢！这是完全不可能的。

当然，我并不反对预测未来。但要知道，很多时候，计划、预测及规划并不可靠。**关键在于，面对变化不能惊慌失措，而要不断自我革新。**

阿德勒认为，正因为未来不可预见，所以我们才是幸运的。

阿德勒心理学的关键词①：目的论

提到心理学，我们脑海中往往会浮现弗洛伊德的代表作《梦的解析》。

阿德勒曾经在弗洛伊德主导的维也纳精神分析学会担任过会长，但后来由于学说上的分歧而离开了该组织。

弗洛伊德讲究"原因论"，而阿德勒主张"目的论"，这就是二者的一大区别。

传统的精神疗法基本模式是探索心理疾病或不良行为的"原因"，并通过消除这些原因来治疗患者。弗洛伊德也支持这种思想。也就是说，他认为现在的痛苦是由于过去受到的心理创伤或自卑感所致。

诚然，曾经受过虐待或者出身贫寒有可能会导致一个人产生不良行为。但并不是所有曾经遭受虐待或成长在贫困环境中的人都会出现问题。如果我们将某个人的不良行为归因于"过去的原因"，比如"因为某某曾经经历了这样的事情，所以导致心理扭曲并走上犯罪道路"，那么这种想法会让我们觉得只要过去有过类似遭遇的人，都会出现同样的问题。

随后，**人们开始探究"为什么他会采取那样的行为"，即**

开始关注"目的论"。

阿德勒认为，孩子在学校有不良行为时，我们不应追溯"过去"，而应该关注"目的"，比如："他是否希望通过制造麻烦来博取家长和老师的关注？"

即便我们从过去寻找原因，也改变不了过去。**与其沉湎于无法改变的过去，不如关注尚且能够改变的未来。如果有正确的目的，我们就能做到任何想做的事，并能成为理想中的自己。**

总之，阿德勒的"目的论"能给我们向着明天迈出坚实一步的勇气。

第二章

迅速解决所有问题的思维能力

CHAPTER 2

12 | 第十二话
强者敢于笑对难关

可以认真，但不能太较真

阿德勒根据人们面对困难的态度，将人分成三个类别，即悲观主义者、乐天主义者和乐观主义者。

悲观主义者面对困难只会觉得束手无策，也不采取任何行动。

乐天主义者哪怕面对再困难的问题，都始终相信自己无所不能，他们嘴上说着"肯定会好起来"，但实际上却不会采取任何行动。他们看起来十分积极向上，但由于太过自信，最终无法解决任何问题，对社会进步也没有任何帮助。

而乐观主义者正处于两者之间。

阿德勒认为，乐观主义者"**能够勇敢面对任何困难，又不过分较真**"，而且"**面对重重难关仍能保持冷静，并相信所有错误都能弥补**"。

人可以认真，但不能太较真。

丰田公司的总裁丰田章男曾因大批量召回问题，被美国

遭遇困难，那就成为乐观主义者吧！

众议院听证会宣召，当时他对精神状态极度紧张的某位随行人员说"你试试每天大声笑一笑"。

丰田先生本人的处境也很危急，如果不能妥善应对，那么他只有引咎辞职一条路可走，所以他才认为，此时此刻保持乐观心态才是最重要的。

艰难时刻，人们总会过于较真，但这只会让你的心情更加糟糕。

所以，积极向上虽可贵，但认真处理问题是更令人敬佩的。做到这一点，人们就能跨越险滩，转危为安。

13 | 第十三话
成功者会把自卑化为成长的动力

自卑感并不一定是坏事，它也是"努力"和"成功"的动力之源

提到"自卑感"，我们总觉得它是负面的，但阿德勒认为**"任何人都有自卑感。但是，自卑感并不是一种疾病。相反，自卑感恰恰是思想健康的表现，它能刺激人们不断努力，不断成长"。**自卑感可谓是成长中必不可少的原动力。

埃德·卡特穆尔（Ed Catmull）是皮克斯公司的创始人之一，公司以动画电影《玩具总动员》闻名世界。埃德自幼酷爱迪士尼动画，很早就立志成为一名动画师。但后来他突然意识到"自己并不擅长绘画"，一度放弃梦想。

上大学的时候，他接触到了电脑，于是他开始思考："如果我把电脑技术练得炉火纯青，是不是就能制作动画长片了？"后来他利用计算机技术制作了在当时具有划时代意义的动画作品。

随后他遇到了他的"贵人"——乔布斯，并创立了皮克斯公司，推出了世界上第一部使用计算机绘图的动画长片《玩

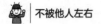

具总动员》。不擅长绘画曾让他感到自卑，但通过熟练掌握计算机技术，他克服了自卑心理。

有一位企业家，年轻时因为不会打算盘而感到苦恼。于是他找来一群志同道合的伙伴，共同推进计算机办公，为企业提高工作效率做出了巨大贡献。

这两位企业家都曾因"不擅长"而感到过自卑，也都利用自卑感鼓励自己掌握其他技术和能力，最终都取得了巨大的成就。

正如阿德勒所言，**"自卑感是人类努力和进步的基础。所有人从出生的那一刻开始，就在和自卑感做斗争，并朝着目标不断前行"**，看来自卑真的能令人成长！

14 | 第十四话
迅速解决问题的思维能力

问题因你而存在。改变你看待问题的方式，情况就会完全改变

A 先生每天都忙得脚打后脑勺，但即便如此，他还是保持每年和妻子一起旅行的习惯。

A 先生在和妻子旅行的时候，就连公司打来电话都是直接挂断，他已经全身心地投入和妻子的旅行中了。他的理由是"即便我不在公司，公司也不可能停摆"。

有一年，夫妻俩到京都赏樱花，但那一年的樱花开得比往年早了一些。而且他们时运不佳，刚好连日恶风阵阵，等他们到了赏樱地，樱花已经开始散落了。

旅行计划是妻子制订的，她一个劲地跟老公道歉："要是早来几天，肯定能看到满树的樱花。这都怪我。"

看妻子如此懊悔，A 先生伸手指向不远处的河流，笑呵呵地说："我们去河边玩吧。河面上漂着好多樱花的花瓣呢！你看，多像是一艘艘的花船啊！"

事物的好坏，有时候完全取决于你的心态

既然已是落樱满地，叹息"春来早而我来迟"，或者埋怨妻子都无济于事，也不能让樱花重开。

所以，倒不如转而欣赏一下河面上花瓣漂荡，感受"当下"的快乐，让自己更有活力。多亏了 A 先生的提议，夫妻俩又留下了一次美好的回忆。

阿德勒说过："意义并非由状况决定，而是由我们对某种状况的理解决定。"

遭遇失败，就把失败当成教训，历经苦难，就把苦难当成试炼，积极奔向明天。

只要稍微改变一下想法，人生便会充满意外的惊喜。

15 | 第十五话
不劳而获终究受挫

唾手可得的成功并不能让你更强大

商界有一句名言叫"模仿永远胜不过原创"。

如今,"宅急便"● 已经成为日本人生活中不可或缺的一项服务,而这项服务正是大和物流公司智慧的结晶。这项服务一经推出,就引来20多家公司效仿,行业竞争十分激烈。

于是大和物流开始思考如何做出差异化,公司构建了严密的体系和运输网络,确保如期送达货物,同时也致力于提高司机的素质。

最终,再没有任何一家企业能达到大和物流的高度,其他公司只能宣告倒闭。

一项原创产品(服务)的诞生,背后凝结着常人难以想象的辛劳。而模仿者只不过是流于表面,他们只关注项目能

● 是由日本大和运输公司所建立的宅配服务品牌,经营户对户的小型包裹收取与配送。——编者注

不要只模仿表面，而要自己努力实践

否让他们赚到钱。

模仿看似轻松，但你并没有经历过试错，所以也不清楚如何改进产品和服务，最终必然出现纰漏。

"想要轻松获得成功"，这是许多人的愿望，但阿德勒则揭示了其脆弱性，他认为"轻松得到的成功转眼就会灰飞烟灭"。

因此，**我们不能只看结果，还要赞美坚韧不拔的毅力和勇气。**

想要成功，就少不了不达目的誓不罢休的韧性。

每个人都不想失败，害怕试错。

但是，通过失败和试错获得的知识，是你的专属武器，没人能抢得走、学得到。

16 | 第十六话
为什么过程比结果更重要

掌握了正确工艺流程的人，因为能"再现"，所以强大

制造业有一句名言叫"品质由工艺展现"。

"残次品"是制造业离不开的话题。虽然我们都希望把残次品率降至为零，但实际上这并不容易实现。因此，我们需要通过质检，把合格品和残次品区分开来。但是，即便我们能够挑出残次品，却仍旧做不到"零残次品"。

在此，我们需要理解"品质由工艺展现"的意义。

出现残次品，说明某个工艺环节有问题。

发现问题，彻底改善，确保不重蹈覆辙，大幅降低残次品率，这都是制造业不容忽视的内容。

商业同样需要"过程管理"。

商业成功和业绩固然重要，但忽视过程只关注结果和成绩，有时却会助长不正之风。

比起成果，我们更应该关注的是过程，因为只要遵循正确的过程，就可以取得更多成果。

羊注过程，自然能创造成就

人生也是如此。阿德勒说过："根据成功的结果，而不根据面对困难、克服困难的表现来评价孩子，会让孩子感到苦恼。"

无论是孩子还是大人，对于我们来说，成功固然值得赞美，但挑战困难的能力才是解决人生问题的金钥匙。

17 第十七话
身处绝境仍旧不能放弃未来的希望

不要用"灰暗"的预言描绘惨淡的未来

松下公司的创始人松下幸之助先生是八兄弟中的老幺，四岁时父亲的米行生意遭遇严重亏损，全家人跌入贫困的谷底。

松下先生被迫退学，身体也很差。

他一没学历、二没人脉、三没资本，体质又很差，但最终却能成为享誉世界的"经营之神"，这一切实在令人不敢置信。

人们在遭遇巨大挫折或者健康遭到威胁时，总会悲观地认为"我已经完蛋了，未来没有希望了"。特别是新冠疫情期间，人们看不到未来，因此产生了更多消极情绪。

阿德勒很不赞同这种"灰暗的语言"。有一次，一位精神科医生为一位患有精神分裂症的女孩做检查，随后他对女孩的父母表示"没有恢复的希望"。阿德勒得知此事后便询问那位医生：

"医生您好！我想问您一下，您凭什么这么说呢？您能断定今后不会发生任何变化吗？"

或许精神科医生的判断源于自己的从业经验，但阿德勒仍旧很讨厌这种灰暗的预言。

阿德勒认为，**未来的走势并不是固定的，而是掌握在我们手中，且能够被改变。**

未来并不是现在的延续。所以，无论如何，我们也不能因为这种"灰暗的预言"而放弃"可以改变的未来"！

18 | 第十八话
问题是指向目标之路的重要航标

聚焦于"方法"解决问题

看到半杯水，有人会感叹只剩半杯，也有人会乐观地说"还有半杯"。同样，在工作中，如何看待眼前的问题，对我们解决问题的方式也有很大影响。

某个大企业的企业家委派一位二十多岁的年轻员工负责一个大项目。一开始，这位年轻员工意气风发，但随着项目的推进，他惊奇地发现，有太多问题需要解决，他感到了巨大的压力。

于是他找到企业家，表示自己实在无能为力，同时说出了辞职的想法。企业家随后就带着他去参加了一次聚会，与会者都是项目相关领域的专家。

企业家和年轻员工一起向与会者征集有关项目的意见，他们共同总结了项目的难点和解决方式。

年轻员工在听取多方意见后，终于想开了，他对那位企业家说："看来项目确实很难实现，或许高层也会选择放弃吧？"

"但你现在也应该知道我们要解决哪方面的问题了吧？"

对于年轻员工来说，困难就是"做不到的理由"，而对于创业者而言，困难正是"需要解决的课题"。

阿德勒说过"**困难并非难以克服的障碍，我们需要面对困难，征服困难**"。

只要你改变看法，**困难就不再是无法逾越的高墙，而是指向目标之路的重要航标。**

19 第十九话
紧迫抉择时的思维方式

难做判断的时候，就想想公共利益、全体福祉吧

有时候个人利益和社会利益会产生矛盾，而有时候公司利益也会和社会利益产生矛盾。此时我们该何去何从？

对此，阿德勒曾经举过一个战争年代指挥官的例子。面对一次几乎可以确定失败的战争，有一位指挥官仍旧带着手下的几十名士兵冲锋陷阵。

作为一国将领，当然要以国家利益为先，哪怕奋战到仅剩一兵一卒也要坚持抗争。但作为普通人，你掌握着许多人的命运，孤军奋战似乎并非良策。阿德勒也否定了这样的行为。

"做出正确判断需要了解大众观点，即体现公共利益和全体幸福的观点。坚持这种观点，从此你再也不会遇到难以决断的事。"

稻盛和夫二十多岁的时候就创立了京瓷公司，当时他很苦恼，不知道作为企业家该如何做决定。

迷茫时就问自己"生而为人，何者为正确"

所以，管理方面的决策应该有"一定之规"。换言之，**就是"生而为人，何者为正确"，将这一标准作为公司经营的原则。**

我们要用"公正、公平、正义、诚实"等普世价值观作为判断依据。

日后，稻盛和夫创业成功，他创造了日本排名第二的电信公司（KDDI）并重组了全日航空公司，每一次都伴随着艰难的抉择。而每逢决策之时，稻盛和夫都会扪心自问，"我的行为动机是出于私心还是源于善意"？

难以决策的时候，就去想想什么是真正的公共利益，什么是真正的全体幸福吧！

做到这一点，答案就会不言自明。

20 | 第二十话
丈夫之勇还是匹夫之勇

没有社会贡献的行为就并非出于勇气

如今"网红"成了年轻人向往的职业。

但是有些网络主播行为过激，他们为了吸引流量、增加播放量，甚至不顾颜面做出很多愚蠢的行为。

有些主播在做兼职的时候，会故意多次捣乱，再把自己的行为发布至社交媒体以博取关注。

其实这群人仍旧是被虚荣心驱使，他们的行为不过是为了吸引眼球、人前显贵。

而且，有些网络主播还会把自己粗鲁莽撞的行为当成一种充满"勇气"的表现。但是这不过是匹夫之勇，不堪大用，背后是"魔怔"和"虚荣"。

为了区分"匹夫之勇"和"丈夫之勇"，阿德勒提出了"有用的勇气"理论，用以区分。

有一位不会游泳的男孩，但他根本不愿意承认自己不会游泳的事实。而且他还相信，只要自己有勇气尝试，哪怕溺

了解"蛮勇非勇"的意义

水也会有人来救他。于是他只身犯险下水游泳，结果不慎溺水，一度性命垂危。所以，他的行为根本算不上有"勇气"，顶多算是"蛮勇"。

阿德勒提倡的勇气不是虚张声势，也不是英雄主义，而是直面问题，为社会做贡献。

你如今的所作所为是出于虚荣心，还是出于真正的勇气？如果要回答这个问题，我们不妨先看看自己的行为是否有利于社会。

如果对社会有利，那就果断执行；如果不利，那就尽早收手吧！

21

第二十一话
不是"为了顾客"，而是"站在顾客的角度"思考

站在对方的角度看问题才能洞察顾客心理

零售业和服务业有一句名言叫"一切为了顾客"。

但是，日本 7–11 便利店的创始人铃木敏文泽表示，"为了顾客"的思想，其实还是没有脱离"卖方立场"和"厂商立场"。于是他十分重视改变员工的想法。

"不要只谈'为了顾客'，而要'站在顾客的角度'看问题。"

"为了顾客"其实还是站在卖方、厂商角度看问题，**而站在"顾客的立场"看问题，就能明白顾客的心理，了解如何才能让顾客满意。同时，顾客立场也能给我们更多启示。**

阿德勒也强调过站在对方角度看问题的重要性。阿德勒的儿子立志成为一名医生，于是他给儿子提出了几个建议："想要当一名优秀的医生，你必须学会关心他人。这样你就能理解别人生病的时候需要哪方面的帮助了。要做病人的朋友，不要过多考虑自己。"

站在"顾客的角度"，寻找提示

同等地看待自己和他人，思考"此时此刻，如果我是对方，我会怎么做"。阿德勒说过："**用别人的眼睛去看，用别人的耳朵去听，用别人的心去感受。**"

阿德勒心理学常常被称作"个人心理学"。但是，这并不代表我们只需要以自我（个人）为中心。

我们要认识到，除了自己之外，还有许多"他者"，我们要和他者产生共情。这是相当重要的议题。

每个人都更加重视"我们自己"或者"我们公司"，所以我们才要学会用"他人的眼睛、耳朵和内心"去了解这个世界。

22 | 第二十二话
工作不顺利就休息一下吧

拼命寻找看不见的出口，只是浪费心力

下面我给大家讲一个公司总裁 A 先生的故事。

A 先生三十多岁的时候，被调到一个亏损严重的分部，经历了一段艰苦奋斗的日子。当时，他为了扭亏为盈，于是就和下属一起没日没夜地工作，哪怕是假期也要来加班，可是业绩还是没有好转的迹象。

正当 A 先生准备放弃的时候，他的一位前辈给他提了一个建议："或许正是因为你们太努力了，所以才搞不好，你们索性就别加班了！"

A 先生起初只是觉得，不加班顶多省下点加班费，但后来有一位员工跟他提起，"不加班，其实是给大脑的一次放松"。

于是，A 先生也想开了，"反正都是要亏损"，何不如大家都准时回家呢？结果，这一政策反而让很多人产生了新思路。

在此之前，我一直用"自己""自己公司"的角度看待事

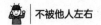

物，但当我用"其他公司的眼光"和"顾客的眼光"看待自己公司的产品时，我们便能发现更多缺点和需要改进的地方。这就是阿德勒所说的**"用别人的眼睛去看，用别人的耳朵去听，用别人的心去感受"**。

最终，A 先生的团队推出了爆款产品，终于扭亏为盈。

关键在于，**当工作遇到阻碍时，我们就要给自己一个冷静思考的空间，并学会用他人的眼光看待问题。**

停止"只有我""只有我们公司"的想法，用多元的观点看问题，你会发现曾经视而不见的新世界。

同时，你也会找到解决问题的方法。

 **专栏**

阿德勒心理学的关键词②：生活方式

阿德勒把"给世界、人生或自己赋予意义"的行为称为"生活方式"。虽然从普遍意义上来说，这属于"性格"范畴，但阿德勒认为性格并非"天生的"，而是"能通过后天努力而改变（但过程并不容易）的"。所以他不认为这是"性格"，而是"生活方式"。

阿德勒心理学对生活方式的定义如下：

（1）自我概念（对自己的定义）

如果一个人觉得"自己很帅气"，那他就能自信地站在人们面前；如果觉得"自己很丑陋"，那他就会畏首畏尾。

（2）世界形象（对世界的定义）

对于你来说，世界是危险的，还是安全的？或者说，周围人是你的朋友，还是敌人？

（3）个人理想（对个人形象的认识）

"人人都喜欢我"还是"人人都讨厌我"？你的想法关乎你的生活方式。

这三个要素相互影响，同时每个人都会选择自己独有的生活方式。

　　阿德勒认为，人们在 2 岁左右就能认识到生活方式的存在，最晚到 5 岁就能选择自己的生活方式，然而如今的阿德勒心理学则认为，人们在 10 岁时才能选择自己的生活方式。

　　另外，人们会按照选择的生活方式去生活，而且人们一旦选择了某种生活方式，就不容易做出改变。但是我认为，人们还是能够依靠自己的意志做出改变的。**我们总是觉得"性格与生俱来，不能改变"，但实际上所谓的"生活方式"，其实完全可以改变。**

第三章

能否把“准备”变为“成果”

CHAPTER 3

23 第二十三话
谈判永不败

与其学习如何取胜，不如学会如何为获胜做准备

有时候我们准备做一番事业，却迟迟没有成果。虽然这背后可能有很多原因，但"准备不充分"肯定是其中一个重要的理由。

俗话说"准备占 8 分"，想要做出伟大成就，事前准备必不可少。只要能做好万全准备，就相当于工作已经成功了 80%。

与之相对，如果准备工作出现了纰漏，则容易招致失败。用阿德勒的话说就是：**"阻碍员工做准备工作，同时批评员工的业绩表现不佳，这实在是短视。"**

很多时候，人们会发现，妨碍准备工作的罪魁祸首正是自己。比如有些人习惯把责任转嫁给他人，表示如果有时间做准备，就绝对不会失败。他们不肯承认自己的弱小，也永远不能成长。

有一位企业家年轻的时候，领导经常强调"商务谈判之前一定要做好准备，搜集各种资料，才能立于不败之地"。

要想顺利谈判，首先要打赢信息战。除了调查对方企业的方方面面之外，还要对企业管理者的个性了如指掌。

如果对方准备了1分，我们就要准备5分，有必胜的把握，才能安心地坐在谈判桌前。

只要做到这些，谈判就不会失败。

正如阿德勒所言，"阻碍员工做准备工作，同时批评员工的业绩表现不佳，这实在是短视"。

我们首先要学会如何做准备，确保万无一失。之后一切都顺其自然。

胜利，永远来自万全的准备。

24 | 第二十四话
"忙"其实就是"不想做"的借口

戳穿内心的谎言，如果想做，随时都可以开始

有一家企业的 A 总裁，年轻时，有一位前辈劝他多读书。

这位前辈虽然公务缠身，但仍旧保持着读书的习惯，而且他涉猎很广，是朋友中的万事通。

A 后来也效法前辈，时不时找书来读。如果想要了解新技术，他就会找 10 本该领域的书阅读。就这样，他通过阅读，不断获取新知识，最终成为一名优秀的企业管理者。

A 不仅会劝自己的下属多读书，还会建议公司各部门负责人多多阅读。但他得到的回复往往是："我没有那么多时间读书。"

员工们确实很忙，但他们真的忙得连读书的时间都没有吗？

近年来，不管是企业家、管理层，还是年轻人，大家都越来越不爱读书，他们的借口都是"没时间"。

但实际上他们并非"没有读书的时间"，而是把时间用在

不要用"忙"当借口

玩游戏之类的事情上了。

阿德勒说过，"'如果……就'，完全是借口和虚构"。

如果你真的想去旅行、读书，那么现在就可以开始行动了。

只要你把"没时间"当成借口，那就只能说明，你根本不想旅行，也不想读书。**如果是真心实意想做某件事，你就不会去找借口，而会直接付诸行动。**

25 第二十五话
不会重蹈覆辙的人往往更关注
"为什么"

答案越简单，越要深入思考

面对问题的时候，有些人只是浮皮潦草地查询一番，便言之凿凿地说："这就是原因，只要解决这个问题，一切就都能迎刃而解了。"

但是在工作中，答案越是简单，我们就越要多加注意。

看上去问题似乎已经得到解决，但时间一长，老问题就又会显现出来，而且还会比之前更严重。说得确切些，所有问题都没解决。

丰田公司有一个"重复五次'为什么'"的说法。

第一个"为什么"不过流于表面，只有反复追问"为什么"，才能发现真正的原因。

解决问题的关键在于，不能被肤浅的答案蒙蔽，也不能总认为自己已经"知道了"，凡事要多问几个为什么。轻轻松松一句"我知道"，实际上不能会限制了你的努力。

阿德勒认为，我们不能把孩子的问题行为简单定义成

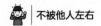

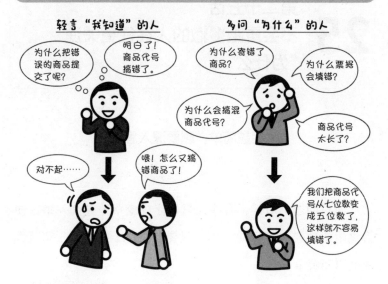

"性格原因"。

诸如"遗传原因""与生俱来的个性"之类的理由，很可能扼杀孩子的可能性。同时我们也不能否定孩子的努力。

"因为没有其他可以解释孩子行为的理由，就把'遗传影响'当作盖棺定论，这未免太肤浅了。"

即使孩子不擅长学习或者不擅长运动，我们也不能用"遗传"来当借口。

我们应该相信："只要愿意努力，你就无所不能。"

26 | 第二十六话
没做好准备，早早开始为失败找借口

未尝一败自然没有伤痕，没有伤痕自然难有大成

有时候，我们为了参加一场会展或者商务谈判做了很多准备，但还是做不出成绩。而且往往在这种时候，人们还会批评我们准备得还是不够充分。

即使失败的结果是一样的，但做好万全准备还是失败了，伤痛就会更深。

然而，如果我们真的准备不充分，我们就会找借口说："准备时间不够，我也没办法。"

对于这种想法，阿德勒如此评论："**懒惰的背后其实是'讨价还价'的心态。**"

即便我们每天都努力工作，也未必能永远成功。努力却没有结果，我们就会感到失落，觉得自己不论做什么都于事无补。

但是只要你付出过努力，就能发现需要改进的问题。

另外，把"没时间""太忙了"当借口而不肯努力的人，

不要把"没时间准备"当借口

即便失败也不会一蹶不振。他们能够轻轻松松地接纳自己，"要是不那么忙，我就有可能再准备得充分一些了。如果做足准备，我肯定不会失败"。

换句话说，疏于准备的人，遭遇失败的时候，已经准备好了一套"说辞"。这样的人或许不会受伤，但也再难成长。

乔布斯是著名的"宣讲高手"。他每次宣讲前都会反复练习，直到自己满意。正因如此，乔布斯的宣讲才能打动人心。

只有把所有的准备都做好，我们才能真正做到从容应对任何考验。

27 | 第二十七话
迷惑其实是不想做决定

从现在起，和过去的自己诀别

有些人在工作或者购物时总会瞻前顾后，这其实也是人之常情，可以理解。

站在人生的十字路口，我们经历了太多令人难以抉择的关键时刻，比如我们会选择拖延一段时间，或者让别人替我们做选择，当然也有人靠"占卜"，让命运来替自己做选择。

为什么人们如此难以做抉择呢？

阿德勒认为，人们的迷茫和苦恼都带有一定的目的性。

而这个目的就是"不去选择"。

不想再游移不定，就必须做出选择，既然决定了，就只能去做。阿德勒认为，正因为人们"不想做决定"，所以才会感到迷茫、烦恼。

"迷茫的人，永远游移不定，最终一事无成。"

在做重大决定的时候，我们必须给自己留出思考的时间。

京瓷公司的创始人稻盛和夫每次做决定前，都会一遍遍

不想再迷茫，"现在"就要下决心

地扪心自问。他之所以这样做，并非因为优柔寡断，而是要坚定信念，把所有该做的事都做完。

站在人生的十字路口，我们当然会感到迷茫。但是带着"能不决定就不决定"的想法，你就永远无法摆脱迷茫。

所以，请你和过去的自己诀别，此时此刻当断则断。无论何去何从，起码要先做决定。而且，一旦做出决定，接下来就应该思考如何执行、如何彻底放弃拖延。

28 第二十八话
拒绝"但是"，没有不可能

"但是""可是""反正"都会让你的人生越来越糟

某所大学的一项研究指出，对于团队成员的提议，领导只允许回答"好的""不行""挺好的，但是"。其中最令成员感到焦虑的就是"挺好的，但是"。

如果领导明确否定，那么下属则可以直接思考新方案。

但如果领导一味表示"虽然，但是"，则会令下属不能完全领会领导的意图，最终也会失去信心。

假如你的团队业绩迟迟不能提高，而一位下属给你提供了一个解决措施，你作为领导却只告诉下属，"很好，但我觉得公司不会同意"或者"很不错，但如果最后还是失败了呢"？

你的下属绝对会满腹狐疑："领导到底是怎么想的？他或许根本没有打算改善吧？"于是他也不再努力了。

面对问题永远都是用"但是""可是"当借口的人，其实只是在找"不想做"的借口。

他们不想解决问题，于是选择逃避问题。

只会说"但是"，必然失去人心

阿德勒认为"'好的，但是'——这套说辞是无法帮助我们解决问题的"，**这类人其实最需要的是训练自己的"态度"，不要模棱两可、游移不定。**而这一切都源于"勇气"。

不论是从商还是为人，遇到问题时，我们都不能用"但是""可是""反正"当借口，否则就会被束缚手脚。

从今天开始学会说"能做到""我来试试看"，不去为失败找借口，而要为成功找理由。

29 第二十九话
"万一"误一生

不要说"如果",从现在开始认真对待生活

有一本漫画的名字是《我还没有全力以赴》❶,后来也被翻拍成了电影。漫画的主人公已逾不惑之年,却毅然决然地辞职,并立志成为一名漫画家。

事实上,确实有些人表示自己只不过没有竭尽全力,否则一定能做出一番事业。

阿德勒说过:

"'如果……我就准备结婚''如果……我就要继续工作'——越是习惯这样说,越是证明你自视过高,总是相信自己的人生必然硕果累累,但是如果附加了'如果……就'的条件,你的人生必然充满了谎言和虚构。"

---

❶ 《我还没有全力以赴》是松竹映画发行的喜剧片,由福田雄一执导,堤真一、桥本爱、石桥莲司等主演。该片于2013年6月15日在日本上映。影片根据青野春秋的同名漫画改编,讲述了年过40岁的中年大叔大黑静雄,不顾家人阻挠,坚持成为一名漫画家的故事。

不要再说"如果"，只要认真工作

工作中，总有人辩解说"如果再给我一些时间，我会做得更好"。而本田公司的创始人本田宗一郎先生则表示："如果一个人说'再给我一些时间，我一定会想明白的'，那他一定很愚蠢。正因为忙碌，所以我们才会通过各种手段摆脱忙碌的状态。"

总是说"如果"的人，心里的潜台词是"如果有合适的条件，自己也能做成大事业"。但是他们实际上并不会做出任何行动。

人生充满了限制，但俗话说得好："限制才是创造的原动力。"**只有去掉"如果"，人们才会努力思考、努力实践。**

一切成就都来自你的努力。

30 | 第三十话
计划再完美，不实行仍旧等于失败

100个完美计划，不如1次尝试

有些孩子从小就喜欢"制订计划"，却不能实践。

他们的目标足够远大，如果真能按照计划行事，也能创造成就，但一旦开始执行，他们就会变得拖拖拉拉，不肯下苦功夫。

"今天太累了，我明天再努力""今天去忙别的了，实在做不完了"，他们有的是借口，因此做什么事都喜欢拖延。

到后来，他们一开始制订的计划只能宣告破产，不觉间也离目标渐行渐远。

这些人通常有"崇高的理想"，他们希望做到"未雨绸缪"，但最终总是只做"决议"，而不会真的采取"行动"。

阿德勒曾经如此评价这类人：**神经质的人认为只要表明自己具有良好的意图就足够了。然而，仅凭良好的意图还远远不够，作为社会的一员，我们更要做出实实在在的贡献。**

展现良好意图本身是值得肯定的。这比那些明明发现问

制订计划却不能保证执行

题但佯装不知道的人，或者那些根本不打算解决问题的人要好得多。

但是，评价一个人不能看他"怎么说"，而要看他"怎么做"。

如果真的有想法，那就要先迈出一步。不妨尝试一下，或许问题比你想象的更容易解决。

31 | 第三十一话
解梦其实就是为了延迟决断

如果占卜只会降低你的判断力，那就赶紧放弃吧

从古代开始，人们就开始研究梦境。不过，从心理学角度分析梦境的第一人则是精神分析法的创造者——弗洛伊德。随后，在 1900 年，弗洛伊德出版了《梦的解析》一书。

据说，阿德勒曾与年长自己 14 岁的弗洛伊德共同编写过著作。以此为契机，二人也开展了共同研究，弗洛伊德由此发现了"梦境"的神奇之处，于是他开始通过梦境来治疗患者。但阿德勒却断言所谓的"解梦"不过是迷信。

有一次，希腊诗人西莫尼德斯（Simonides of Ceos）受邀去小亚细亚，但他却迟迟没有出发。他本人表示，梦中有死者向他提出忠告"不要去"。但是阿德勒说，西莫尼德斯并不是因为"做梦"才不去的，而是他从一开始就决定"不去"，做这场梦恰恰就是为了说服自己。**"他不过是创造出某种情绪和激情来佐证自己的判断而已。"**

1926 年，阿德勒才第一次乘船来到美国做演讲。在出发前的最后一晚，他梦到自己乘坐的客船突然被掀翻。梦里，阿德勒被甩进了茫茫大海，他拼命游泳，才爬上了陆地。

但阿德勒并没有因此放弃美国之行。他认为，正因自己迫切想去美国演讲，所以才会梦到"游泳上岸"。

人们总是喜欢占卜。不过，**要记住，如果占卜能让你坚定信念，那就选择相信；如果不能，那就把它当成迷信就好了。**

32 第三十二话
解决问题的最好办法就是"预防"

治疗费时又费钱，但预防的成本则很低

如今越来越多的人开始发现，与其生病之后再治疗，倒不如防患于未然，做好疾病防控。

但是在阿德勒进入维也纳大学医学系的时代（19 世纪 80 年代），人们还没有意识到这一点。

比如，当时有一位妇女身患肺炎，生命垂危，学生和老师不顾这位女士的病痛，坚持围在她周围为其听诊，并讨论诊断结果。老师冷漠地表示："没有必要治疗，我们只要做出诊断就够了。"

这就是阿德勒受到的教育。他在 28 岁那年编写了《裁缝行业健康手册》，在书中，阿德勒指出裁缝行业的工作环境极差，极易感染肺结核病毒。他指出了"预防"的重要性，并提倡改善工人的工作环境。

阿德勒还表示："**我们真正的挑战并不是如何治疗患者，而是如何保持人们的健康，做好疾病预防工作。**"

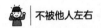

避免问题扩大的关键是做好预防工作

阿德勒认为"预防胜过治疗",这种思维方式不仅利于健康,还对人们的工作有所帮助。

等到机器坏掉再修理(治疗),不仅浪费时间,还会浪费金钱。但只要每天定时检查(预防),就能做到防患于未然。

解决问题时也要带着这样的思路。与其等问题变得严重再解决(治疗),倒不如趁早发现预兆,防患于未然(预防)。

无论是做人还是做生意,做好预防工作,总能帮我们预防"大危机"。

33 第三十三话
学会"瞧得起"自己，就能接受挑战

不要给自己设定界限

下面来讲一个女记者的故事。有一次她采访一位奥运会冠军，在这一过程中发生了一段有趣的"小插曲"。

这位金牌得主并非自幼练习这个项目，而是在高中入学之后才突然对运动产生兴趣，抱着试试看的心态开始练习。但仅仅数年后，他就斩获了大赛金牌，此后又接二连三地挑战各大赛事。

女记者向冠军提问："是什么驱使你继续挑战？我也想挑战一下自己的极限，您觉得我还有机会吗？"

冠军答道："我觉得，首先你不应该轻视自己。"这位女记者虽然从小练习体育项目，但似乎与奖牌"无缘"。她总觉得自己的运动天赋太差，父母也经常给她泼冷水："就凭你这样，肯定没希望。"

对于"自我限制"，阿德勒曾经有过如下评论：

"如果一个孩子太过自负，我们肯定会帮他回到正轨。但

不要自惭形秽

是，如果孩子太过自卑，没有勇气，我们无论如何也无法帮他改正这一点。驯服狮子其实并不困难，但谁又能把绵羊训练成恶犬呢？"

"就凭我""就凭你"——这样的语言只能扼杀我们的可能性。

阿德勒说过："如今，我们能去到越来越远的地方，也能做成越来越多的事情。"

我相信人生的挑战是无限的，"我也能做到""你也能做到"，挑战自己，你就是最强大的。

阿德勒心理学的关键词③：人际关系

正如阿德勒所说，"人类的一切烦恼都来自人际关系"。诚然，无论是在学校、职场，还是在个人生活中，大多数烦恼的根源都在于人际关系。

例如，由于新冠疫情的影响，学校线上授课，企业远程办公。因此，也有很多人声称自己摆脱了学校或工作中的人际关系危机。

但与此同时，也有人表示，"远程生活只会令人感到孤独"。

每天都被人包围自然让人厌烦，但无人陪伴也很孤独。

那么，如何应对这种烦恼呢？阿德勒心理学研究者岸见一郎提出了以下三个观点：

（1）关心他人

人们通常都很自恋，而且我们只能以自己的眼光看待事物。但有时需要换位思考，从"对方的立场"出发，以对方的视角看待问题。

（2）需要认识到他人不是为了满足自己的期望而活的

人们通过满足他人的需求来换取他人的协助，但这并不一定是"义务"。如果忘记这一点，认为"得到帮助是理所当

然的"，就会犯下大错。

（3）课题分离

人际关系问题通常源于我们过度介入他人的课题。例如，我们过度干预孩子的学业和工作。

只要了解这三个观点，人际关系就会变得十分轻松。

第四章

让你"不被他人左右"的小习惯

CHAPTER 4

34 第三十四话
为何会被他人左右

不要因为他人的评价或喜或忧，要相信自己的选择

　　每个人都会因为他人的好评而欣喜，又因他人的批评或蔑视而感到愤怒或沮丧。

　　阿德勒认为，在社会生活中，我们难免会关注他人对我们的看法，但若是超过了一定限度，就会显得过于虚荣，不够坦然。

　　虚荣心强的人的共同特点是，他们并不关心"我是谁"，而是关心别人如何看待自己。

　　如果你只关心他人的看法，并根据他人的看法改变自己的行为，那么不知不觉间，便会迷失真正的自我。

　　事实上，即便有人说"你是坏人"，你也不会因此变坏；同样道理，即便有人说"你人真好"，你也不会真的变好。

　　世界顶尖投资家沃伦·巴菲特提出了"内部记分卡"和"外部记分卡"的概念。

　　巴菲特常常遭到世人的批评，但是他从来不在意"外部

不要太在意他人的眼光

记分卡",他对自己选择的道路坚信不疑。他只关注"内部记分卡",因此他在事业上愈发成功,还被誉为"奥马哈的智者"。

"我不关心别人如何看我",这似乎有些极端,但是我们真的没必要太关注别人的看法。

毕竟,最了解自己的人正是自己。

不要被他人左右,**要独立思考自己想做什么、该做什么,最重要的是将自己的责任付诸行动。**

35 第三十五话
不要只顾眼前不顾未来

继续努力，终有出头之日

有一位喜剧演员讲过这么一个笑话：

"在家乡的中学里，没有比我更擅长棒球的人。但是当我进入高中棒球队时，我才发现自己是最差的。"

在"小世界"里表现优秀的人，一旦见到"大场面"，就会无比惊讶，这是极其常见的事。无论什么事情，总有人比你更出色，有时甚至还会有"难以望其项背"的对手。

但是如果我们只会感叹"赢不了就算了""反正比不过人家，干脆放弃吧"，就会陷入负面情绪中，今后也不会继续努力，从此自暴自弃。

阿德勒完全否定了这套思维方式。

阿德勒认为，数学天赋差的孩子，在短时间内虽然赶不上别人，但"只要他们不放弃自己，继续努力，就一定能迎头赶上"。

"其实，最大的困难就是低估自己，总觉得自己追不上别

人。但这并不是事实，你始终有机会迎头赶上。"

伊藤忠商事公司的前社长丹羽宇一郎也说过类似的话。

"员工的实力并不是以相同的速度增长，员工需要通过持续的努力，才会实现跨越式增长。从总裁的角度来看，那些看似平庸的员工，或许有一天会一飞冲天。所以在那天到来之前，请一定不要放弃。"

要记住，不要只顾"现在"，放弃"未来"。人生是漫长的旅程，即使你现在还不够强大，但只要相信自己，并继续努力，绝对会迎来一飞冲天的那一刻。

36 第三十六话
利用不会说"不"的人，相信会说
"不"的人

真正的"好朋友"是不需要察言观色的

在工作和生活中，有些人对别人的请求来者不拒。他们
觉得，如果自己拒绝，就会遭到对方的厌弃，所以才会当面
应承。

从请求方的角度来看，有人出手相助确实令人感恩，但
对于当事人自己来说，他们有时候也会困惑"为什么我失去
了说'不'的能力"。

有一位知名企业家年轻时曾经聆听一位前辈的教诲。前
辈告诉他："**记住，只有重要的事才是'行'，其他的都是
'不'**。"

当人们"不想被讨厌"的情绪过分强烈的时候，他们就
会忽略自己，为了别人而花费时间，最终让自己精神疲惫。

阿德勒认为，真正的朋友"**不怕惹恼你，却关心你是否
幸福**"。

换言之，好朋友未必会对你有求必应，他们会明确表达

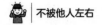

自己的意见，如果发现你做错了事，他们也会提出严厉批评。

真正的朋友不会因害怕被你讨厌而给出模棱两可的答复。

当然，故意激怒别人绝不可取。若只是顾虑"说了这句话就会惹怒对方""拒绝了这件事就会被讨厌"，从而察言观色，不敢吐露实情，那就算不上好朋友。好朋友更愿意说出自己的看法，为了朋友说出"逆耳忠言"。

如果你遇到这样的"真朋友"，请一定信赖他！

37 | 第三十七话
受表扬并不是目的

一旦把"被人认可"当目的，就会产生痛苦

无论是谁，都希望被人认可，或者受到别人的赞扬。

但是，若这种欲望太过强烈，就会引发新的问题。

比如，一个孩子从小在娇惯和表扬中成长，那么有时候他即便知道某种行为应该去做，但若得不到表扬，或许他就会选择不做。

当自己做了一件好事，却得不到应有的赞扬时，我们就会变得愤怒，好奇"为什么我的努力得不到他人的认可？既然如此，做了这些倒显得我太愚蠢了，索性今后再也不做了"。

看来你的思想出现了误区，即"为了得到表扬才去做"，而不是为了解决问题或者帮助他人，"得到表扬"才是你真正的目的。

阿德勒对此有过如下评价：

"支持和赞扬确实能让你更进一步。但当真正需要个人努力时，你就会发现，自己的勇气已经不见了。"

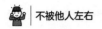
功绩不需要他人认可，而需要自己认可

受到他人的赞扬，确实能令我们感到神清气爽。

但是人生中有很多时候，即便得不到赞扬和认同，我们也要坚持走下去。

有时候，我们的努力得不到回报，非但没有鲜花和掌声，反而遭到一顿严厉的批评。如果你也遭遇了这样的不幸，我希望你能想起演员宫泽理惠的这句话——**如果你愿意相信，今天的考验会成为明天的奖励。这样你就不需要再逃避它，而是应该坦然接受**。

没有什么能比跨越苦难后迎来的赞扬更让人欣喜的了！

38 第三十八话
让你变聪明的三种学习方法

任何时候都不能放弃，持续努力终有所成

在我们准备尝试新工作时，总能发现周围有太多人比我们做得更加得心应手，于是我们只能默默感叹自己笨手笨脚，不堪其用。

此时你不妨回想一下"1万小时定律"。

作家马尔科姆·格拉德威尔（Malcolm Gladwell）总结归纳了从古至今的东西方天才和伟人的经历，写成了一部作品。在书中他表示，如果你想掌握一项技术，只要练习1万个小时就够了。或许你会觉得1万个小时实在是太长了，但算起来如果每天练习4个小时，那么6年10个月就能完成；如果每天练习7个小时，那么只需要4年就能完成；如果每天能花12个小时练习，那么只要2年3个月，你就能成为个中高手。

现代管理学之父彼得·德鲁克（Peter F.Drucker），就是通过后天努力才获得如今的成就的。

德鲁克20岁时进入一家报社当记者，他深深知道自己还

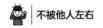

让人人都能成才的学习法

① 集中学习一项
技能

② 发现新课题并
集中学习

③ 找到自己适合的方
法，然后继续努力

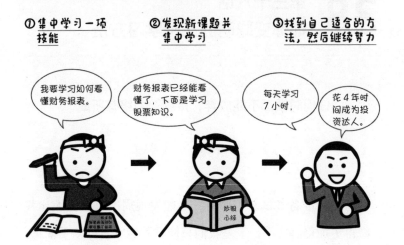

有很大的提升空间，觉得自己要克服一切困难，集中精力学好一件事。之后他确立了目标并寻找新课题，还找到了适合自己的学习方法，并持续努力。最终他成了超一流的管理学者。

世界上确实有笨手笨脚、学习速度极慢的人，但这并不值得感伤。

阿德勒说过："一开始虽然有些难度，但只要孜孜不倦、不懈努力，世界上的很多事情，我们都能做到。"

关键在于，不要跟别人比速度，而应该和"昨天的自己"做对比，我们要带着"一天更比一天强"的信念不断努力，这样才能取得进步。

39 | 第三十九话
达成目标不仅要看时间，还要看数量

不要做"比较时间"的兔子，而要做"绝对完成"的乌龟

丰田公司讲究："目标不是省时间，而是一定要满足数量要求。"

"5 小时内做出 100 件产品"——这里的目标是"时间"。当然，有人能在短时间内完成工作，但也有人不能在短时间内完成 100 件产品。

"做出 100 件产品"——这里的目标是"数量"。因此，只要不中途放弃，任何人都能做出 100 件产品。

人的成长也是如此。培养孩子时，我们会发现自己的孩子可能很早学会说话，也可能很晚才会叫妈妈；可能早早学会走路，也可能很晚才开始蹒跚学步。把"时间"当成尺度，很容易让我们拿自己的孩子跟别人的孩子做对比。

若是我们不用"时间尺度"，而关注"走路""说话"本身，就会从孩子的成长中收获喜悦。

某公司的信息技术（IT）精英 A 表示，自己刚入行的时候，

完全是一个菜鸟，他也经常跟同事做比较，因而常常感到焦虑。恰在此时，大学时代的乐队经历成了支撑他的最后一块基石。

当初他根本没学过任何乐器，就这样从零开始自学。坚持了一年之后，他的演奏水平突飞猛进。正因为有了自学经验，当他进入公司之后，始终相信"只要努力，一切就都有希望"。结果不到一年，他的业务水平就提高了。

与他人相比，自身的不足就会被放大，情绪也更容易陷入低潮。对此，阿德勒表示："**无论做什么事，一开始都是困难的。但是，只要你再坚持一下，一切都会好起来。不要担心他人做得比你更好。**"要记住，只要你不放弃，"**数量**"上达标，就一定会好起来。

剩下的一切就交给习惯和努力了！

40 | 第四十话
把过去的不幸转化为成功

有人把不幸化为成功，有人却把它当作懒惰的借口

如果你是个孤儿，3 岁时养父收留了你，但由于养父是个赌鬼，养母离家出走。到了 15 岁时，你才第一次用上电器，上高中的时候还要打工赚钱才能勉强毕业。你觉得这样的人生如何呢？

有人会选择顺其自然，他们认为"人生本身就是不公平的。所以不顺利也是正常现象"。也有人会自暴自弃，磨刀霍霍表示"要报复社会"。

但正是这样一位命运多舛的少年，却在 20 多岁的年纪创办了日本最大的咖喱连锁店"CoCo 壹番屋"。他就是宗次德二。宗次先生把自己的成功总结为：

"从懂事那天起，我过的就是苦日子。但是多亏了那些苦难，才让我即便从早到晚汗流浃背地工作，也甘之如饴。"

面对同一件事，不同人有着不同的观点，哪怕经历相似，人们的生活方式也不尽相同。

把不幸转换为成长的原动力

正如阿德勒所言："**不论有着怎样的经历，都不是你成功或失败的原因。**"

阿德勒还说过："**有些人能把儿童时代的不幸化为努力的动力，而有些人则把它当作懒惰的借口。**"

曾经在人际关系中遭遇的失败，可能会给你留下一道伤疤，让你变得胆怯；**但正是因为你受过伤，才会成长。那些能够积极看待过去不幸的人，才会拥有无限的可能性。**

41 第四十一话
失去自信的时候，就写下今天做了什么吧

本来"无所事事"，但每天都那么忙碌

不论何时，人们总有逃避人生课题的时候。

如果这项课题本身难度很高，那么即便选择逃避，也无可厚非。阿德勒则认为，这样的想法会让人们否定自己的价值。

阿德勒举了一个男孩的例子。

有一位男孩成绩很差，人人都觉得他太懒惰，同学都能答对的问题，他却答不对，因此常常被人嘲笑。

阿德勒调查了一番，发现这位男孩的自卑心理很强，十分痛苦。他的哥哥各方面都很优秀，所以不论是他的母亲，还是他哥哥，都常说他是"笨蛋"。所以，他总觉得自己毫无价值，失去了挑战的勇气。

但是，这位男孩当然不是笨蛋，他只是缺乏自信。阿德勒认为，只要他能恢复自信，就一定能够迎头赶上其他同学。

阿德勒认为**"人一旦觉得自己有价值，勇气便油然而生"**。

不仅是小孩，很多成人都对自己没信心。

此时最有效的做法是**做笔记，记录你一天之中到底做了什么**。做了笔记之后，你就会惊奇地发现，本来以为自己无所事事，但实际上每天居然能做这么多事。

看到自己成就满满的一天，或许你就会发现，其实自己真的很了不起。

人一旦相信自己是有价值的，自信便会油然而生。

42 | 第四十二话
消除自卑的方法

全力做好眼前事，就能消除自卑感

近代思想家内村鉴三的代表作是《代表的日本人》，他曾经说过：

"你难道不想在死之前，为了让世界更加美好而做出一些贡献吗？"

对于世界，阿德勒也曾说过：

"我们的世界确实充满恶毒、困难和偏见。但这就是我们所处的世界，不论是优点还是缺点，我们都只能包容。"

世界并不是完美的，有人犯罪，有人种族歧视，就连掌权者也未必都刚正不阿。

理想的社会并不会突然出现。

所以，**请你关注自己身边的问题，寻找解决问题的方法吧！**

职场也是如此。无论你现在所处的职场环境多么糟糕，如果只是抱怨，那就无法改变任何事情。

感到自卑，那就专注眼前事吧

真正的强者，不会对职场环境长吁短叹，他们只关注"现在自己能做什么"。

阿德勒认为，只要集中精力做好眼前事，"你就不会再觉得自己低人一等或技不如人了"。

既然出生在这个世界上，我们就应该努力让这个世界更美好，这是作为人类的使命。

43 | 第四十三话
你并非没有能力，只是做法不对

只要接受适当的训练，你就能学会任何技能

　　家长总喜欢拿自己的孩子跟别人的孩子做比较，因而或喜或忧。他们总是觉得"人家孩子一学就会，为什么我家孩子不会呢"，或者"我们家孩子比别人家孩子学东西慢啊"，因此十分苦恼。

　　有些家长甚至觉得自己的培养方式出了问题，因此十分自责，于是又开始怀疑自己的孩子资质不高。

　　有一位幼教专家也曾因为自家孩子迟迟学不会 100 以内的算术而感到苦闷。一开始他觉得，要么是自己的教学方式出了问题，要么就是孩子脑子笨。后来有一天他终于发现，因为自己是左撇子，所以一直教孩子用左手写字。

　　于是他告诉孩子："你试试用右手 60 秒内从 1 写到 100，难看点儿也没关系。"不久后，孩子就能在 60 秒内写出数字了。继而他又鼓励孩子："既然你已经能在 60 秒内写出数字，那么你一定也能在 60 秒内做出算术题。"结果孩子果然做到了。

方法对了，你就一定能做到

看来，孩子学不会算术，不是因为"脑子笨"，而是因为缺乏"正确练习"。这就是阿德勒所说的："只要持续做适当的练习，别人能做到的事你也能做到。"

无论任何技术，只要你坚持训练，就一定能学会。所以在你成功之前，只要坚持不懈地努力就够了。

44

第四十四话
将"每日回顾"变成日常习惯，便
能实现远大目标

1 变 2，2 变 3，日积月累才能成功

人的生活必须要有目标。正因为有了生活的目标，人们才会不懈努力。在实现目标的时候，人们也会发自内心地感到喜悦。

阿德勒从小就立志成为一名医生，即便不擅长数学，他仍旧不抛弃、不放弃。同时他也忍受着死板的校规和枯燥的学习过程。

关于人生，阿德勒曾说过这样一段话：

"生活即进化。"

松下公司的创始人松下幸之助先生就是践行了"生活即进化"理论，并且取得了巨大的成就。

松下先生的第一步，其实步子并不大。他起初只是销售自己设计的插座，目标也不过是"不再为吃饭发愁"而已。这似乎就是松下先生创业的原因。而正因为他坚持"每天进步一点点"，所以公司才会不断壮大。

养成"每天进步一点点"的习惯

当平稳地完成一天的工作时，松下先生就会反思："今天一天的工作，到底是成功了还是失败了呢？"如果失败了，他就会继续思考对策；如果成功了，他又会总结经验，并养成习惯。

日积月累，松下公司不断成长，最终成为一家国际知名企业。松下先生表示：

"我们不需要什么策略或政策，只要1变2，2变3，一步一步地前进，最终就会到达成功的彼岸。"

这与阿德勒的"生活即进化"思想完美契合。只要今天比昨天有进步，最终你就会获得惊人的成长，并为社会和人类的进步做出贡献。

45 | 第四十五话
自我认同感太强也会陷入误区

过分相信自己的人学不到任何东西

有一家办公设备厂实行“学徒制”。

公司派遣商品开发人员去客户公司学习一个礼拜，在此期间调研用户对产品的使用情况。

开发人员自然是最了解本公司产品的人。

但是，当他们看到客户真实的使用场景时才发现，原来用户并不关心他们开发出的新功能。有时候用户使用设备的方式甚至超过了开发人员的想象。

这些经历对产品开发提供了极大帮助。

被称为“职业摔跤之神”的卡尔·高奇（Karl Gotch）曾说过：“**如果你认为自己对一切都了如指掌，那或许你已经死了。**”

这句话和古希腊哲学家苏格拉底所说的“**认知自己的无知就是最大的智慧（无知之知）**”，有着异曲同工之妙。

我们常常认为，人要想持续成长，就要时刻告诉自己："我的修行还远远不够。"阿德勒也表示，如果一个人总是自以为是，就不能成长。

"有些人总是带着过剩的优越感，总相信自己无所不能。因为他们认为自己'无所不知'，所以再也学不进任何东西了。"

人需要承认自己还差得远，但很多人还没做好接受自己脆弱一面的准备。

不过，只要你相信自己还有成长空间，对自己的期待就可以再高一些。

46 | 第四十六话
美国总统的"消气大法"

把愤怒写出来，搁置两三天

"愤怒的咒骂会让人与人的距离越来越远。"

虽然我们心里明白这个道理，但我们还是会被愤怒情绪纠缠。那么，我们到底要如何处理愤怒情绪呢？

美国的自我启发大师戴尔·卡耐基（Dale Carnegie）曾经介绍过美国总统林肯克服愤怒的一段逸事。

美国南北战争时期，林肯统领北方军一路高歌猛进，终于得到了一次彻底击溃南方军的绝佳机会。但是米德将军却拒绝了林肯的总攻命令，最终失去了战机。米德将军违反军纪，这让林肯大为光火。于是林肯直接写了一封信问责，但最终他还是没把这封信寄出，原因如下：

"即便寄出这封信，我也改变不了现状。而且这封信还会让米德将军更加坚信自己的立场，甚至反过来指责我。"

阿德勒认为，"**怒意会让人与人疏远**"。

林肯的座右铭是"不要批判任何人"。因此，即便他再愤

怒，也不会与他人发生冲突。

所以如果你想要批评别人，**就先努力平息愤怒，然后把自己的想法写在信件或者邮件里吧。**

过两三天之后，你可以再读一遍自己当时写的文字。那时候，你的愤怒或许就会消失，最终不会把那封信发出去。

想要排遣压力，就不要把不满和愤怒倾泻到别人身上。三缄其口五分钟，怒气消散人轻松。

阿德勒心理学的关键词④：
共同体意识

　　我们都生活在某种形式的共同体中，这些共同体包括家庭、学校、公司、市镇、国家……共同体中包含形形色色的人，我们的生活与他们紧密联系。这就是阿德勒所说的"共同体意识"。

　　人类并没有那么强大，一个人的力量是极其弱小的，只有和他人联合，砥砺前行，我们才能跨越自身的缺陷和极限。

　　所以，阿德勒才要说"我们都是同伴"。与同伴齐心协力，以同伴的身份为他人做贡献，并获得贡献感，这就是个人价值的体现。

　　共同体意识是人际交往的终极目标。形成共同体意识需要以下三个要素：

　　（1）接受自我

　　接受真实的自己。拿现实中的自己和理想中的自己对比，可能更好，也可能更坏，但首先要学会接受真实的自己，哪怕我们有这样和那样的缺点。只有这样，人们才有勇气进入人际关系。

（2）帮助他人

当一个人感觉到自己对他人有帮助、有贡献的时候，他就会觉得自己是有价值的，因此也更能接受自己。

（3）信任他人

把他人当作伙伴，并相信他们，这是信任他人的前提。

没有人能一直孤独地生活。拥有共同体意识的人，不仅会追求个人利益，还能通过对他人的贡献获得幸福。

第五章

"救世主" 的共同点

CHAPTER 5

47 | 第四十七话
不要单打独斗，要齐心协力

找到信赖互助的朋友，你就离成功不远了

根据美国某风险投资公司的调查，两人合伙创业的成功率最高。

不论是微软、谷歌还是苹果公司，创始人都不止一位，日本索尼、本田公司的创始人其实也都是两位。

为什么会这样呢？苹果公司的创始人是乔布斯和沃兹尼亚克。两人的年龄差距虽然比较大，却是学生时代的旧相识。早年间，他们合作开发了一种叫"蓝盒"的可以免费打电话的机器。

沃兹尼亚克曾表示："凭我当年的编程水平和乔布斯的眼光，我们实在想不出还能做点别的什么。"

沃兹尼亚克虽然是天才程序员，但丝毫没有商业头脑。乔布斯的发明创意虽完全比不上沃兹尼亚克，但他有着敏锐的商业眼光和一流的沟通技巧。

找到随时能给你提供帮助的朋友

两位创始人相互协助，终于创立了那家改变世界的苹果公司。

世界上根本没有万能的天才。

阿德勒说过，"**相互协助能帮助彼此补齐短板**"。正因为我们不能独自生存，所以才需要向伙伴和朋友寻求帮助。

当你找到了能与你优势互补的伙伴时，你必然会得到巨大的成长，并创造伟大的成就。关键在于，**与其成为万能的个体，不如多多寻找能够与你互帮互助的好伙伴**。

48 第四十八话
"合作"与"求助"都需要锻炼

从未接受过合作训练的人，自然也不善于合作

新冠疫情促进了远程办公的普及，但来自家庭成员间的压力却陡然而至。

截至目前，我们在工作中的压力往往来自职场人际关系，但随着远程办公的普及，"居家办公"似乎已经成了天经地义的事。相较于职场人际关系，家庭成员间的人际关系给我们带来了更大的压力。

比如，夫妻双职工都在狭小的居家环境中远程办公，彼此都要注意不能打扰对方。谁负责伙食、谁负责刷碗洗筷，以及如何分担育儿工作……这些问题一时间便会凸显出来。

当然，夫妻同心，其利断金，但如果丈夫想把带孩子和家务活全都交给妻子，那么他大概率是不会提供任何帮助的。

阿德勒说过，"独自生活的人能力有限，只有分工合作齐心协力，才能促进社会的发展"。

另外，阿德勒也指出，就像一个从未接受过地理教育的孩子，不可能在地理考试中取得好成绩一样，**"从未接受过合作训练的人，自然也不善于合作"**。

不要过于期待没有接受过合作训练的伙伴，你们应该先学会如何提高合作能力。人应该活到老学到老，进而实现终身成长。

49 第四十九话
没有人 "应该" 帮你

对方也有自己的难处

阿德勒认为，如果两个被惯坏了的人结婚，那么这两个人都想被对方 "疼爱"，但双方都不想充当那个主动疼爱对方的人。

换言之，他们希望对方做出贡献，却不想为对方做出贡献。

这些人往往认为，自己本身就应该得到他人的帮助，阿德勒将这群称为 "榨取他人共同体意识的人"。

例如，你的同事对你说："有一项任务今天必须完成，你来帮帮我吧！" 然后你表示今天另有安排，拒绝了他。结果对方勃然大怒，觉得你故意不肯帮忙。

这群人的底层逻辑是："只要我有困难，对方就应该提供帮助。"

世界上有很多事并非我们能够独立完成，此时寻求他人的帮助无可非议。

但是，阿德勒却表示：**"求助者之所以能得到帮助，那并非源自义务，而是情分。"**

不要觉得别人应该给你提供帮助

所以"只要我遇到困难，就会有人来帮我"——这种想法并不现实。

你应该集中自己的力量，做好一切自己能做到的事。

只有人们看到你确实努力过了，他们才会产生帮助你的想法。

50 第五十话
成功与遗传无关，不信就看看"族谱"

追溯 10 代祖先已有 2046 人，所以别拿遗传说事

有些人总会拿自己和那些学习成绩优异的朋友做比较，觉得自己家世不好、基因不好，表示"他们一家人都很聪明，但我们家……"。阿德勒完全否定了这样的想法。

我们习惯追本溯源探究事物的真相，阿德勒表示，"**向上追溯 5 代人，你就能找到 62 位祖先**"，"**如果你向上追溯 10 代人，就能找到 2046 位祖先**"。换句话说，如果你查查自家的族谱，肯定能发现一两个拥有天才头脑的人。

爱因斯坦提出了相对论，被世人奉为天才科学家，但当有人问他"你是否遗传了父母的科学天赋"时，他却表示："**我没有什么才能，不过是好奇心极度旺盛罢了。所以我认为这不是遗传的问题。**"

如果一户人家比普通家庭培养出了更多人才，那也不能证明这户人家的基因有多大优势，这一切要归功于家族传统和社会制度。

那么，遗传和家风都不够优秀的人要如何"逆袭"呢？

以一首《崛起》而闻名的歌手矢泽永吉曾经说过："那些吹嘘自己家族如何大富大贵的人，必然有一位艰苦创业的祖先。"

正如矢泽先生所言，不论拥有多少荣华富贵的家族，都有一位艰苦创业最终出人头地的祖先。如果你有时间探讨遗传和家世，那还不如让自己成功逆袭，从你这一代开始做大做强，让子子孙孙以你为荣。

51 | 第五十一话
不要 "独占" 问题，要共同解决问题

被人依赖也是一种幸福，齐心协力高效解决问题吧

下面讲一个名企总裁 A 先生的故事。

A 先生当年刚刚进入管理层时，总是一个人解决问题，因此十分辛苦。

后来他和周围人越来越不合拍，很多努力也都白白浪费了。于是他把自己的烦恼向一位老前辈倾诉。

"你要把身上的担子分给别人一些。" 老前辈如是说道。

A 先生经过反思，发现身边真的有很多能力超群的领导、前辈、同事和下属。但他忘了这一点，只知道一个人蛮干，最后遭遇了失败。

从那以后，A 先生开始把工作中遇到的问题有意地分割开来，再分配给同事和下属。最后，每个人都愿意为 A 先生提供帮助。

我们每个人都是不完美且弱小的。阿德勒认为，正因为人们有弱点，所以才能在社会中生存，而 **"在良性发展的社**

会中，人们的能力不足可以通过合作来弥补"。

A 先生通过自己的经历，终于悟透了一个道理——**工作是一种"团体项目"**。哪怕你真的是"超级英雄"，你也不可能独自一人冲锋陷阵；哪怕你真能做到，也不会得到成长。

所以，不要再一个人解决所有问题了。借助所有人的智慧和力量前进，脚步就会变得轻松，即使遇到再大的难题，我们也不会气馁。

52 | 第五十二话
三流员工违背领导，二流员工跟随领导，一流员工超越领导

接受建议，但不能放弃独立思考

丰田公司有一句名言："唯命是从的下属是无能的，自说自话的下属更愚蠢，擅长工作的下属才是真有智慧。"

员工自然不能完全按照领导的命令行事，而是要思考有没有更好的方式，要为自己的行为负责。

培养这样的员工需要花很长时间，有时还会遭遇失败。但要记住，领导不能直接给下属答案，而是要让他们独立思考，只有这样才能培养出有智慧的员工。

教育孩子也是一样的道理。

阿德勒认为，如果孩子正准备尝试，但父母却已走在了他的前面，那么他尝试的意愿就会降低。

阿德勒说过：**"就算孩子生病，需要特别照顾，母亲也要深思熟虑，不要扼杀孩子的独立精神。"**

如果你想培养有独立思考能力的孩子，就要注意不要扼杀孩子自立自强的意愿。

接受建议，但不能忘记独立思考

工作也是一样。

想要获得成长，当你向领导寻求意见之后，还要带着自己的思考，为自己的行为负责。

或者，作为领导，如果你想培养出自立自强的下属，就不要老是挡在他们前面，而是要站在他们背后，支持他们。

要记住，自立自强的精神源于切身体验，无论是成功的体验，还是失败的体验。

53 | 第五十三话
你愿意挑战高难度目标还是选择妥协

你设定目标的方式将影响你的成长度

人有了目标才会前进。但我们要弄清楚：自己要树立怎样的目标？那个目标有多么远大？

丰田公司着手为旗下的豪华汽车"雷克萨斯"搭建销售网时，就树立了"打造全世界最优质的销售、服务体系"的目标。

虽然由于目标太过远大，因此受到世人的非议，但项目负责人表示不会妥协，他说："我们最终能创造多大的成就，这很大程度上由当初树立的目标决定。"

正如我们之后看到的那样，丰田汽车一举成为世界知名汽车品牌。

阿德勒在 5 岁那年就确立了自己的人生目标。一个冬天，阿德勒和朋友出去滑冰，结果他患上了严重的肺炎，医生甚至表示"这孩子没救了"。

所幸，由于父母的悉心照料，阿德勒最终战胜了肺炎。

123

那时阿德勒便下定决心要成为一名医生。

　　虽然阿德勒的成长过程中遭遇过挫折，但成为医生仍旧是他矢志不渝的初心。阿德勒说：**"抓住一条线，锁定一个目标之后，就要坚持到最后。"**

　　一旦我们开始做一件事，再想要提高目标就很难了。那么我们应该树立怎样的目标？是踮踮脚就能摸到的目标，还是需要相当大的努力才能实现的目标？这决定了你的"人生轨迹"，即你的"成长"。

　　而且你要知道，**有些目标只有那些志存高远、不懈努力的人才能实现。**

54 | 第五十四话
如果已经受不了了，那就再努力向前走一厘米吧

或许再前进一厘米，你就突破极限了

知名棒球教练野村克曾经说过，越是难以进步的选手，越喜欢说"我很努力了""我能力有限"。他们最习惯"自我限定"了。

而且许多时候，他们的界限根本没有根据，只要遇到瓶颈，就会选择放弃，认为自己没有发展空间，而不想继续挑战。

如果你想要成长，就一定**不能轻易限制自己**。

人们总会任意给自己划出界线，总觉得"我已经到极限了"，跟今天的自己妥协。这就是野村教练所说的"自我限定"。

对此，野村教练的做法是，**让自我限定的选手找回自信，挖掘他们的潜力**。

例如，野村教练会向那些无法投出快速球的投手讲解控球的重要性，从而激发他们的潜能，延长选手的职业生涯。

125

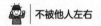

阿德勒说过，"几乎所有人都能超越现在的自己"，最重要的就是相信自己。

有些人在工作中遇到稍微困难的问题就会选择放弃。

但是，只要他们不放弃，再努力前进一步，就能突破瓶颈。

不要给自己划定界限，要相信自己还有上升空间，还有努力的余地，这样你才能走得更远。

如果你感到自己已经坚持不下去了，那就再向前走一厘米吧！到那时你就会发现，你已经跨过了眼前的高墙。

55 第五十五话
羡慕是成长的原动力，嫉妒是衰退的导火索

与过去的自己相比，你便不会再嫉妒

每个人都有自卑的时候，也会怀有嫉妒之心。世界上有比自己优秀、幸运的人，拿自己和这些人比较，我们便会感到伤心和苦闷。

工作也是如此。

当你看到同事取得巨大成就或者获得晋升机会的时候，你当然会为他喝彩，但不得不承认的是，你也会十分羡慕他的幸运。

阿德勒认为，"稍微有些羡慕的心理并无大害，甚至相当常见"。但是，我们应该注意到，嫉妒心也是一种负面情绪。**要知道："人可以羡慕别人，但不能嫉妒。嫉妒心对人没有任何益处。"**

"羡慕"是指见到比自己更优秀的人，产生"我也想像他一样"的想法。而"嫉妒"则是指嫉恨那些比自己强的人，常常带着负面情绪。

127

嫉妒会阻碍个人成长

如果你觉得自己不如别人，那就表示你还有提升空间，所以你只要想办法提升自己就好了。但是，假如你只是妒忌，不在自己身上找原因，而是把矛头指向对方，那就要注意了。

而且，**我们不需要否定羡慕的情绪，"我确实很羡慕"的想法也无可厚非。但要记住，不要和对方做比较，而要跟过去的自己做比较。因为和过去的自己做比较，你会渐渐感受到自己的成长，情绪也会趋于平和。**

56 第五十六话
成功来自"集中于眼前的工作"

不讲道义的成就不能长久，诚实和努力更重要

"成功的人生"到底该如何定义？虽然不同人的定义各不相同，但"日本资本主义之父"涩泽荣一认为："**不论成功还是失败，都会在努力者身上留下不可磨灭的印记。**"

涩泽先生认为，只有诚实且讲道义的努力才能带来成就。换言之，我们不应该过度关注成败，而要始终告诉自己，不能违背人伦道义。

阿德勒的观点更加乐观，他认为"我们能做到任何事""人们总能更进一步"。那么，如阿德勒所说，人人都能取得成功了？当然不是。因此，阿德勒还说过这样一段话："**我不能保证以正确的人生态度生活的人，就一定会取得成功，但可以保证他们会永远保持勇气，不会失去尊严。**"

阿德勒提倡人们培养共同体意识，并培养合作能力。但这并不表示只要实践了，很快就会有成果。要知道，不学习这些理论的人，即便成功也不能给他人带来福利，更不能长

久发展。

阿德勒认为，只有掌握并实践这些知识的人，才能拥有解决人生难题的勇气，也能对他人有所贡献。

有些人认为"结果证明一切"，他们不择手段地追求成功，但这种人的成功不会长久。

真正的成功者，要踏踏实实地努力上进，面对困难时，仍旧百折不挠，行得正、坐得端。

57 | 第五十七话
忘掉过去的成功体验，人生往往充满变化

到了新环境就不要臆测，任由变化发生

有一项调查显示，在亚太地区的 14 个国家和地区中，日本仅有 21.4% 的人想要成为企业高管，排名垫底。难道当下的商务人士都不想晋升到管理层了吗？

只要我们进入一家公司，多多少少都会带着些"出人头地"的想法，**也希望能得到更多的机会做自己擅长的事。**

但有时候，升职对公司和个人来说都是一种"不幸"。

现代管理学之父彼得·德鲁克曾在许多国家担任咨询顾问，他曾说过："人才最大的浪费在于错误的提拔。"

也就是说，在公司认可并提拔的"有能力的人"中，大部分都没能满足公司的预期。

那么为什么一个连续 5 年、10 年创造成就的人，晋升到管理层之后，反而成了一个"庸才"呢？原因在于，他们虽然接手了新任务，但工作方式还是和以前一样。所以他们的努力全部付诸东流。

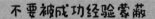

不要被成功经验蒙蔽

那么我们要如何应对呢？阿德勒早就给出了答案："**我们只有在艰难时刻才会意识到，儿时的所谓'人生规划'其实是错误的，我们只有做出改变才能成长。**"

时代在变，环境在变，工作方式也要做战略性调整。

在新环境中，我们需要思考自己现在需要的到底是什么。同时还要学习新知识、新技巧，从而更新自己。

人们就是在一次次的改变中，获得一次次成功的。

58 第五十八话
性格测试、占卜会破坏你的可能性

不要自我渺小化

活跃在电视、报刊上的心理学家经常会探讨所谓的"性格分类"。他们往往会让人看一张图，然后问对方有何感想，再给出几个备选项供人选择。所谓性格分类也不过是"选 A 的人如何如何，选 B 的人怎样怎样"。

因为选项仅有三四个而已，所以想要用这种玩意儿区分上亿人的性格简直太难了。不过那些想要知道自己性格特质的人，却对此趋之若鹜。

阿德勒表示："**我们可以利用分类。或者说，我们不得不利用。但要知道，哪怕你属于某一类人，也不要忘记自己的独特性。**"

日本人比较相信血型，下面我就举一个相关的例子：

有人符合 B 型血人的特征，有人则完全不符合，但没人会因为自己是 B 型血，就强迫自己按照"B 型血的方式"生活。

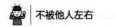

不能盲信性格测试

如果你以为性格分类无外乎"我是独生子，所以不擅长××"，或者"我是 B 型血，所以不能××"，那就显得太过愚蠢了。

每个人都有了解自己性格的欲望。但是，就算明白了这一点，也没必要迎合所谓的"性格"类型，更不需要把自己变成某类人。

关键不是了解自己的类型，而是要明白，如果想要成长，就要改变自己的性格。而且，请不要选择逃避，而要迎难而上。人们喜欢轻易给自己贴标签，但有趣的是，人们还没单纯到只贴不撕。

59 第五十九话
被失败拖累的人和以失败为"精神食粮"的人

如果知道原因在过去，就要承认并向前迈进

有些精神科医生和心理咨询师总会告诉患者，他们痛苦的根源都埋藏在过去。

因为今天的困苦源于过去，所以要让患者回忆起之前没有注意到的生活细节。告诉他们"如今的痛苦并不是你的过错，一切源自过去的痛苦经历"。

确实，很多人痛苦的根源都是过去的遭遇，他们的痛苦甚至来自父母。

但如果永远只盯着过去，是无法解决问题的。阿德勒说过："**以成长为目标，不断努力，这远比寻找过去的乐园要好得多。**"

即使过去的遭遇是造成自己现在苦难的原因，我们也不可能回到过去重塑未来。回首过去，或许能让我们的心情变得轻松，但眼前的问题并没有解决。

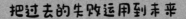

阿德勒认为，与其沉湎过去，不如思考一下，现在还有什么能做的。哪怕对突破眼前的难关稍有帮助，也要努力争取进步。

每个人的经历都足够丰富。

有些经历令人欣喜，有些经历则令人感伤。但回首往昔时，我们不难发现，正是这些遭遇，造就了今天的你我。

不要追悔过去，只要平和地面对那段遭遇就够了。

只要相信生命中的每个点最终都能串联起一条线，我们就能积极进取，迈向明天。

60 | 第六十话
没有帮手，也要敢于实践

与其在意别人，还不如自己努力

世界上有着形形色色的人。

不论是在学校还是在公司，我们都会遇到各式各样的人，有些人会给你提供帮助，有些人则会袖手旁观，有人支持你，也有人反对你。话即如此，你也不必挂怀。

阿德勒曾经举过一个例子：

有一位老人在拥挤的人群中滑倒，一时站不起来。过了好久都没人扶他一把，后来终于有人把他扶了起来。就在这时，突然冒出来一个人，夸奖这位好心人道："您可真是心善，我一直在等着看，有没有人来搀扶老人。"

这位后来者的行为显然有点问题。看到老人倒地，你应该先扶人啊！

哪怕是你自己做不到，至少也应该去寻求他人的帮助啊！但是这个人自己不去扶，反而通过评价他人的行为，彰显自己立场正确。

不要批评，而要行动

无论做什么事，首先要主动行动。没有必要监视别人的行动。

阿德勒说过："总有人要率先行动。即使别人不合作，你也不要介怀，就从自己开始行动，不用考虑其他人是否愿意合作。"

有时，在公司里会有人找借口说："领导太糊涂了。"

但即便如此，我们也不能成为那种什么都不做却只会评论的人。你唯一需要做的就是接连不断地挑战目标，日积月累，这样你的口碑必然会越来越好。

61 | 第六十一话
不要在乎是谁的命令

不论谁给你建议，最后都要自己做决定

世界首屈一指的投资家巴菲特年轻时曾在一次股东大会上被另一位名叫路易斯·格林的投资家问起，为什么要投资某只股票。

巴菲特不假思索地答道："因为我看到本杰明·格雷厄姆（巴菲特的老师）已经买了这只股票。"路易斯闻言笑道："真有你的。"这其实是路易斯的嘲讽，他希望巴菲特不要听风就是雨，要有独立思考的能力。这件事日后成了巴菲特一生的教训。

当我们因为"爸妈说""老师说""领导说"才去做一件事时，其实你已经为失败找好了理由。

正因为你不想为失败负责，所以才总是一脸无辜地表示"都是人家说的"。要记住，**你不是任何人的附属品，你要为自己的行为负责。**

阿德勒的长子瓦伦丁从维也纳大学毕业，为表示庆祝，

永远怪别人，你就无法成长

阿德勒给儿子写了一封信：

"你现在完全自由了，你必须独自规划自己的人生。那些限制你、束缚你的规则，已经完全消失了。有太多条路值得你去探索，没有人问你会选择哪条路。但你自己要做出选择，要走好自己的路，决定自己要达到多高的水平。"

要爬多高、走多远，都要由自己决定，只有这样你才能成长。不论多困难，都要告诉自己"我做决定""我去实践"。

62 | 第六十二话
1 万个点赞不如 5 个挚友

和真正的朋友深入交往，让他们给你力量

如今，任何人都能通过社交媒体发表自己的意见。同时社交软件也让人们实现了互通互联。

有很多人觉得，如果能在社交平台上坐拥千万粉丝，或者能够得到大众的"点赞"就能满足自己的"被认可欲"。

大作家佐藤优在网上有很多粉丝，朋友遍天下，但他却表示"一个人有 5 个真心挚友足矣"。

根据佐藤先生的说法，即便在社交媒体上得到再多的"点赞"，那些"粉丝"在自己陷入困境的时候，也不一定真会帮助自己。因为"熟悉"与"真正的人际关系"有着本质上的区别。

佐藤先生认为，**与其在社交媒体上获得更多人的点赞，倒不如多和现实中的朋友深度交往，哪怕你只有几位朋友也好，这样才能帮助你在现实中生存下去。**

但是，如果你觉得佐藤先生的"5 个挚友"还是太少了，

那么或许你会更赞成阿德勒的这句话——**"哪怕只有一个人能理解我的想法，并把它传达给其他人，我就满足了"**。

比起那些一万个素未谋面的点赞者，一个真正理解你的朋友才更加难能可贵。

对周围的人保持"我们都是朋友"的共同体意识，珍惜和现实中朋友在一起的时光，你的人生将会变得更加充实。

63 第六十三话
石油大亨的故事：为了钱，我的身
体崩溃了

捐助者为什么会更成功

约翰·洛克菲勒被认为是美国历史上最富有的人。他作为一代石油大亨，取得了巨大的成就，但也有人称他为"小偷男爵"。53 岁那年，洛克菲勒患上重病，生命垂危。

虽然他每周的收入超过 100 万美元，但是在花钱方面却十分吝惜。后来，随着洛克菲勒热心公益事业，他的身体也越来越硬朗了。最终，洛克菲勒活到了 97 岁，可谓寿终正寝。

掌权者和掌财者自有他们的义务。

阿德勒本人并不擅长攒钱，但他不吝惜金钱，更不吝惜将自己的思想传授给别人。

阿德勒认为，虚荣心和嫉妒心最影响人际关系。

虚荣心会让人急于表现自己，这会影响一个人的成长。嫉妒心则会让人过于关注他人，从而产生敌意，不能和别人和谐交流。

只谋私利的人不会幸福

阿德勒还表示，"贪欲"也是一种十分危险的欲望。

"贪婪会让人不愿奉献，为了保护微薄的财产，在自己周围砌起高墙。"

人与人之间的联系不仅是建立在"成本"上的。"付出与得到"已经是过去式了，有时"付出与付出"才会让你的人际关系更加和谐。不要光想着如何让自己受益、如何赚钱，而要想着回馈他人和社会，这会让你的人生变得快乐而丰富。

 **专栏** | **阿德勒心理学的关键词⑤：
追求优越感**

几乎所有人都希望自己越来越优秀。

阿德勒把这种行为称作"追求优越感"，而与之相对的就是"自卑感"。

追求优越感，排斥自卑感，总让人联想到"打压他人、突出自己"，或者让人平添压力和苦闷。阿德勒认为，不论是优越感还是自卑感，都能刺激人们努力成长，其实都是比较积极的情感。

为什么这么说呢？

比如一个人想要追求优越感，但他并不跟其他人竞争，而是保持一个不断向前的精神，争取每天都能进步。

反之，如果他选择竞争，就会为了摘下别人的"桂冠"而不择手段，很可能走上邪路。和自己竞争，通过努力学习不断成长，这便是莫大的喜悦。

同时，阿德勒还认为，用理想中的自己和现在的自己做比较，就会产生自卑感。但是人们正是因为通过畅想"理想中的自己"，找到了当下的不足之处，才会更加用心、更加努力地学习，追求进步。

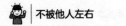
其实不论是优越感还是自卑感，都和"想要更进一步，趋于完美"的愿景相关。

而且，人们要想持续成长，希望"今天比昨天好，明天比今天好"，哪怕每天只进步一点点，也会全情投入，这种努力拼搏的精神意义重大。

第六章

改变不通情理者的人际交流技巧

CHAPTER 6

64 | 第六十四话
改变不通情理的人

永远记住，交流需要注意"质和量"

当你无法向他人传达自己的想法时，会不会感到十分焦虑？或许你也暗暗地咒骂过："他怎么连这都不懂呢？"

有一次，作家久史告诉我："**要把困难变得温和，把简单变得深刻，把深刻变得有趣，把有趣变得认真，把认真变得愉快。**"

换句话说，就是**先去了解困难和危机，然后再用简单易懂的话语，向对方讲清利弊得失**。

阿德勒在一次演讲的时候，台下有一位观众对他说："这不是理所当然的常识吗？"

阿德勒则答道："宣讲常识有什么不妥吗？"随后他又向人们解释道："**我一直试图把我的心理学简单化。**"

把本身就难理解的事情说得太复杂，可能会体现出讲话者的权威性，但这显得不够友善，不过是虚荣心在作怪。

相反，把复杂的事情讲得通俗易懂，才是真正的知性。

耐心劝导，句句入心

这样的人既没有虚荣心，也没有自卑感。对人充满热情，对自己充满信心。

当我们无法传达心意时，一定不要放弃，**而要注重沟通的"质和量"**。

如果对方听不懂你的话，做好心理准备反复说明，直到对方听懂为止。

只有体谅对方，你的意图才能传达给对方，对方也才会为你提供帮助。

65 | 第六十五话
发现不投缘者的优点

发现对方的优点，你就能原谅他了

人与人相处，最讲究投缘。

投缘的人聊多久都不会厌倦，反而越聊越开心。

但是，如果两人不投缘，越聊天越觉得心烦意乱，那对方做什么你都看不惯。

如果只是偶尔见一面，哪怕不投缘也无所谓，但如果是每天都要见面的上司和同事，那就麻烦了。

日本第一支南极越冬科考队队长西堀荣三郎先生曾经说过："在思考如何跟不投缘的队员相处时，我意识到，'团队是由许多个性不同的人组成的'，于是开始寻找队员的优点。"

有一次，西堀荣三郎发现某位队员的一项缺点刚好跟他形成互补。于是他利用这项互补优势达成了目标。最终西堀荣三郎成为首位完成南极越冬科考的日本人。

正如阿德勒所言："**同甘共苦的伙伴在人格上都是平等的。**"

即使觉得对方和自己合不来，**但既然你和他一起工作，**

发现对方优点，弱点也成了优点

就必须看到对方身上的优点。所谓人际关系，如果你能认可对方的优点，对方也会对你敞开心扉。所以，多去关注人们的优点，而不是只盯着对方的缺点。

如果实在受不了对方身上的缺点，那就来个"距离产生美"吧！

66 | 第六十六话
"领导和前辈不理我！"

拒绝"手把手"，让他独立成长

在工作中遭遇失败的时候，你是否想过："如果领导或者前辈能手把手地带我，或许我就学会了。"

领导和前辈必然了解工作的要领，也清晰地知道怎样推进工作，应该注意些什么。如果他们事前没有把这些诀窍传授给下属，下属肯定会感到很委屈。

但这并不代表身为领导或前辈的我们，需要事无巨细手把手地教别人工作。阿德勒曾经评价过"被娇惯的孩子"：

"过分娇惯孩子，在态度、思维、行为以及语言方面，都给予孩子过多的协助，那么这个孩子很快就会变成'寄生虫'，他会期待别人替他安排好一切。"

被惯坏了的孩子，常常以自我为中心，总是期待着周围人能满足他的一切愿望。

这种心态贻害无穷，而且我们也不能过度娇惯他人。

阿德勒指出，人们总是不自觉地希望成为某人娇惯的对象。

没有人有义务教你

工作也是如此。每个人都害怕失败，若是我们事事都听从领导的安排，就成了期待妈妈疼爱的"乖宝宝"。

只有清晰地认识到，领导和前辈之所以如此严厉，恰恰是因为对我们充满期待，这样一来，我们就能迅速成长。

67 第六十七话
通过贬损他人获得优越感的人

为什么他总是在攀比

有些人总是喜欢给别人挑刺儿，不论对方怎么做，他都不满意。

比如他们见到对方取得很好的成绩，就会说"他只是运气好"；同事升职加薪了，他就会冷嘲热讽道："他哪点比我强？"

下面来介绍阿德勒与阿伯丁大学教授亚瑟·雷克斯（Arthur Rex）在酒店谈话时发生的一件事。

当时有一位青年前来拜访，他说："我素来仰慕二位心理学大师，但我觉得您二位绝对猜不出我的身份。"话里话外都带着挑衅的意味。

阿德勒盯着青年看了一会儿说："你的虚荣心太强了。"

阿德勒认为：**"以贬低他人的价值来彰显自己，是一个人懦弱的表现。"**

这位青年正是如此，为了获得优越感，刻意贬低两位社会名流。

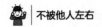

不要被毫无意义的批评束缚手脚

苹果公司的创始人乔布斯曾经反问那些对公司产品指手画脚的人："你们是批评者，还是生产者？"他无情嘲讽了那些什么都没创造却只会批评的人。

想要创造成就其实十分困难，背后需要不懈的努力。而且，自己好不容易做出一点成绩，却要被人指指点点，没有比这更令人痛苦的事了。但要知道，只会批评别人的人，本身创造不了任何成就。

所以，**不要被那些毫无意义的批评吓破了胆，要继续相信自己走的路是正确的。**只会逞口舌之快的"批评家"，很快就会黯然退场。

68 ｜第六十八话
真正的勇气，只有通过实践才能获得

没人能给你真正的勇气

我经常听到有人说，"是 × × 给了我莫大的勇气"，但勇气真能从别人身上获取吗？

阿德勒对此表示否定。

阿德勒说过，**"勇气不是药水，没有人能舀一勺喂到你嘴里"**，他大胆地把"勇气"比作了治疗感冒的特效药。

阿德勒重视"本人的意志"，即当事人能否下定决心去做。

有句话叫"工作最能磨炼人"，勇气也只有通过社会实践才能获得。

阿德勒表示：**"人只有在社会中才能训练勇气。没有人能通过思考什么是勇气，或者决心离开集体，来让自己变得勇敢。勇气只能在实践中积累。所有勇气的基础都源于社会性的勇气，以及建立在人际关系中的勇气。"**

工作也是如此，有时候我们学过的知识和技术并不能应

直面问题，拿出"真正的勇气"

用在工作中。我们需要知识，但要知道，只有在实践中磨炼出的技巧，才真有用处。

勇气也一样，不论你听再多的励志故事，或者在电视里看了再多的"励志演讲"，当你面对真正的问题时，它们都未必能够帮到你。

我们应该每天吸取经验、不断实践，积累正反两方面的经验，锻炼自己处理问题的能力，磨炼坚持到底的奋斗精神。

这才是在直面问题时，能够拉你一把的真正的勇气。

69 | 第六十九话
为什么一心赚钱会招致不幸

适度赚钱，愉快工作的人最幸福

日本资本主义之父涩泽荣一曾经创立、经营了超过 500 家企业，但他最终没选择成为"涩泽财团"。

有一次，三菱财团的创始人岩崎弥太郎请涩泽荣一吃饭，并真诚提议道："如果你我联手创下一番事业，就能完全掌控全日本的各行各业了。"

明治时代的两位商业大鳄强强联手，确实能够独享大量财富。但涩泽先生的目的从来不只是"赚钱"，他说："垄断行业不过是盲目的利己主义罢了。"继而愤然离席。

涩泽先生的目标是富国惠民，而不是自己成为大富豪。

所以他并没有像那些财团一样疯狂敛财。他说过："比起普通的企业家，我对国家和社会的贡献更大。"

当然，涩泽先生并不讨厌金钱，他说过"**适度赚钱，愉快工作才是幸福**"。也正因如此，如今还有那么多人尊敬他。

阿德勒曾经警告那些以赚钱为第一要务的人：**如果你的**

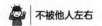

孩子也只知道赚钱，他就会越来越不愿意与别人合作，只是一门心思为自己谋取利益。

　　学习赚钱的本领，或许能让我们更加富裕，但阿德勒认识到，一个人如果缺乏共同体意识，就可能用错误的方法赚钱，这笔"不义之财"又会将他引向歧途。

70 | 第七十话
为什么"只做喜欢做的事"的人反而容易失败

随心所欲却给周围人添麻烦

1927 年，阿德勒在美国出版了《生活的科学》（*The Science of Living*），这本书是英语世界第一本百万销量热销书。

日本阿德勒心理学研究第一人岸见一郎提出了"**自知之明**"理论，他解释道："自知之明能回答我们在共同体中应该怎样生活、怎样与他人相处、如何找准自己的定位等问题。"

关于生活方式，总有些人表示"随心所欲就是最大的幸福"。这似乎无可非议，而且也符合当今社会的特点。但阿德勒认为，这种想法正是缺乏自知之明的表现。

"**工作和学习中的错误确实令人惋惜，但缺乏自知之明则危害更甚。**"

人们在工作和学习的过程中，难免会遭遇失败或者犯错。但我们能够改正错误，并把错误化为宝贵经验，助力我们的成长。

现实生活中往往有那种没有自知之明、只是随心所欲生

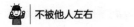

活的人，只顾自己痛快，却给周围人添了不少麻烦，甚至是痛苦，但他们丝毫没有注意这一点。

久而久之，周围人忍无可忍，最终与他"割袍断义"，甚至还要报复他，让他也吃尽苦头。

工作和学习上的失败总有挽回的余地，但缺乏共同体意识，只关注现在痛快和自己享乐的人，最终必然落得个可悲的下场。

71 ｜ 第七十一话
节约固然重要，但做人不能小气

善用金钱，让生活更充实

美国"钢铁大王"安德鲁·卡内基认为，受欢迎的人应该积极地投身于慈善事业。

阿德勒也说过："**人一旦有了竞争欲，个人的社会属性就会变得尤为显著。事业有成的人达成了伟大的目标，实现了发家致富的愿望，接下来他们若不成立社会组织，便不能心安。**"

卡内基、洛克菲勒、比尔·盖茨都是如此，他们的成就源于无以复加的战斗欲，同时，他们也通过建设大学、医院和研究机构来反哺社会。

他们认为，应该把自己名下的金钱存入社会，如果财富只是为了穷奢极欲，那是相当愚蠢的。美国的竞争主义背后是天下为公的思想，正是这点令阿德勒折服。

阿德勒认为"贪欲"和虚荣心、嫉妒心同样危险。

他认为，人们不该吝惜金钱和知识，要把自己的富余资产贡献给他人和社会。

有一次有人问阿德勒："我应该教育孩子勤俭节约吗？"阿德勒答道："**你应该教他们勤俭节约，但不要把他们培养得太小气。**"

挥金如土固然愚蠢，但如果你根本不会正确地花钱，那就成了守财奴。

花钱的方式会影响我们的人生轨迹，所以我们一定要学会如何与钱"交朋友"。

72 | 第七十二话
让别人对你"一见倾心"的魔法

见面前就要告诉自己"他一定跟我合得来"

初次见面，谁都会感到尴尬，也找不到话题。只要一想到"人家会不会给我甩脸子""或许别人会拒绝我"，我们就会退缩。

此时，我们厌烦、不安的情绪也会传递给对方，最终导致对方也产生消极情绪。

因此我们必须要做到控制自己的态度。

在我们和对方打招呼前，先告诉自己"他一定跟我合得来"。一定要拿出勇气和对方打招呼，也要学会夸奖对方。

生活离不开人与人的交流。阿德勒认为，"共同体意识"的核心是把他人视为伙伴而非敌人。

第一次世界大战时期，阿德勒成为一名军医，他也是在那个阶段提出了"共同体意识"。

阿德勒发现，军人从陆军医院出院后，要决定是否继续服兵役，这是一个很艰难的选择。因此阿德勒表示：

如何让初次见面的人喜欢你

"我们都是同伴。无论来自任何国家，只要你有常识和良知，就能和别人有同样的感受。"

如果你在与人见面或说话时感到不安，就请回想一下阿德勒的这段话吧。只要你控制好自己的态度，对方就能为你敞开心扉。

 **专栏** ｜ **阿德勒心理学的关键词⑥：勇气**

阿德勒心理学也被称为"勇气心理学"，因此十分重视"鼓足勇气"的价值。

阿德勒认为，人生有三大课题，即"工作""交友""爱"，而且这些课题我们无法规避。

因此，努力解决这些课题的人，就是有勇气、有自信且举重若轻的人。

也就是说，能处理人生中常见的问题就是"有勇气"，不处理人生中常见的问题就是"没有勇气"。

本书将会涉及三种勇气。

（1）失败的勇气

从人生中的众多失败中积累经验，并获得成长。害怕失败的人最终会一事无成，重要的是不要害怕失败，要勇于挑战并积累经验。

（2）不完美的勇气

有些人不愿意承认失败或隐瞒失败，但这并不可取。认识到自己的失败，再从失败中恢复过来，一次次地进行挑战才是正道。

（3）纠正错误的勇气

有些人非常讨厌别人指出他的失败之处，但我希望各位不要再顾及面子和他人的眼光，大大方方地承认自己的失败。

拥有这些勇气的人，即使失败，也能重新站起来，再次进行挑战。

在子女教育和员工教育中，最重要的是"给予勇气"。让孩子或员工们带着勇气前行。

第七章

练习如何驱动他人

CHAPTER 7

73 | 第七十三话
身为领导，共情比口才更重要

语言无法打动人心，只有共情才能吸引他人

政治家的发言和表现，有时会引起国民的反对和愤慨，这是因为他们对拼尽全力艰难度日的人们缺乏关怀和温情。他们总是想着，"这样做国民会接受""这样说显得更亲切"，所以才会收到意想不到的反对和反感。**问题的关键是他们缺乏"共情"。**

阿德勒经常对教师和家长们说："请你站在孩子的立场上想问题。"为什么这么说呢？

"如果我们和孩子有着同样的心智和人生轨迹，并面对着同样的问题呢？恐怕我们的做法也会和孩子一样吧！"

阿德勒并不以家长和教师的眼光审视孩子，而是站在孩子的角度，用孩子的眼睛看，用孩子的耳朵听，用孩子的大脑去想。

特斯拉公司的首席执行官马斯克曾一度被称为"疯子企业家"。但是当特斯拉第一家量产汽车工厂的员工们陷入困境

共情才能笼络人心

的时候，马斯克来到了他们中间，和他们同吃同住了好几个月，最终解决了难题。

他对此表示："我之所以要和他们一起睡地板，并不是因为附近没有宾馆，而是因为我想体验一下一线的生活环境。如果员工在吃苦，我就要比他们再苦几倍。"

高层养尊处优还要对员工指手画脚，这样的人不会得到任何人的支持。

"同甘共苦"是克服困难的必由之路。

正因为有了"共鸣"，人们才会相信领导、父母、老师，愿意聆听他们的教诲。

74 第七十四话
想要驱动他人，就不能触犯禁忌

愤怒只会拉开人与人的距离，百害而无一利

A 是一位优秀的销售员，他被提拔为一个团队的领导。

A 工作态度认真，他给下属定的目标很高，对他们要求也很严格。但有时候，他太过严格，自己也多次情绪爆发。

后来，员工们学会了看 A 的脸色行事。他们只会在 A 心情好的时候报告，坏消息尽量延后。

结果团队业绩急转直下，A 看到业绩出现问题，对下属的要求就更加严厉了。

一旦员工出现失误或者失败，A 便会无情地批评。阿德勒对于像 A 这样不懂得控制情绪的人，有过以下一番论述：

"谁会喜欢跟那些动不动就批评、责骂自己的人在一起呢？"

愤怒只会让人与人变得疏远。

A 感到很烦恼，于是找到自己的老领导商量。老领导建议他："你记住，哪怕下属报告的不是好消息，你也要对他表

对坏消息说"谢谢"，而不要发怒

示感谢。"

从那以后，不论下属报喜还是报忧，A 都会说"谢谢你告诉我"。

后来，A 和他的团队建立了互信关系，业绩也越来越好。

斥责是无法改变一个人的。

我们应该和身边人建立更好的关系。只有建立了良好的关系，对方才能认真倾听你的指示。而且只有这样，压力才会自然消解。

75 │ 第七十五话
真正的团队协作就是"不打不相识"

领导的使命就是让下属放心说实话

谷歌公司认为影响团队成就的最大因素是**"心理安全感"**。

会场是员工们互相交流意见的场所，因此我们要想方设法让员工们摆脱不安和害羞的情绪，畅所欲言。而且，还要敦促员工认真倾听他人的意见。

比如有的员工在会议上提出了一个很有特色的想法，但领导却一票否决，表示他的想法根本不可能实现。那么这位员工就会变得畏首畏尾，越来越不敢提出自己的建议。

最终，哪怕心有千千结，也会因为害怕被讨厌、遭到反对或引发争执，而选择"口头同意却心中不满"。

所以，作为领导不能"捂住"下属的嘴，要听完他们的意见，如果出现各执一词、互相争论的情况，我们也不能压制他们。同时，我们应该支持自由讨论。

阿德勒认为**"好朋友不怕得罪你，但他们永远关心你是否幸福"**。

良好的团队并不一定总是一团和气的。

进一步说，**团队成员间可以"充满善意的争执"**。

人人畅所欲言，让思维碰撞出绚烂的火花，真诚的态度才是团队协作的原动力。

76 第七十六话
有 60% 的成功率就应该拼一拼

没有人是完美的，人们都在错误中成长

在人的成长和培养过程中，最重要的是什么？

阿德勒认为，我们在追寻事业、友情和爱情的道路上，绝对不能失去**勇气**。而且**在不完美的勇气、失败的勇气和纠正错误的勇气中，最重要的就是"不完美的勇气"**。

"不完美的勇气"就是承认自己可能会遭遇失败。在面临挑战时，如果我们不能接受失败，那就会因为恐惧而不敢前进。

另外，如果遭遇失败后急忙隐瞒，最终便会一事无成，毫无成长。

不完美的勇气对于人的培养极为重要。

松下公司的创始人松下幸之助先生尤其赞成"不完美的勇气"。

松下先生曾经说过："**如果你觉得对方的成功概率能达到60%，那就把工作交给他吧。**"当然，如果他能达到 80% 以

上的成功率则更好，但培养这样的员工是很困难的。

人太过追求完美，就不敢把工作交给任何人了。

所以倒不如把工作放心地交给达到 60% 成功率的人，让对方通过这次工作，提升自己的能力，逐渐成为 90% 乃是 100% 成功的人。

世界上没有人生来就是完美的。

但是人们可以通过不断努力，让自己趋于完美。"不完美的勇气"是人才培养中最重要的理论之一。

77 | 第七十七话
野村导演的团队培训法

把你拥有的一切化作武器，始终关注对手的弱点

"在条件中战斗"是我曾经从本田公司的高管那里学到的一句话，而成功实践这句话的则是职业棒球教练野村克也。

野村担任主教练的球队中，除了人气球队阪神队之外，其他球队在资金和人才等方面都没有任何绝对性优势。尽管如此，他带领的队伍还是一度包揽 5 次联赛冠军，并夺得 3 次日本冠军。

野村教练之所以能带领一支弱队走向强大，最主要的原因是他能够结合当前队伍的战斗力制定出一套打法。

他曾经说过：**"如果只盯着'没有人才''缺乏资金'之类的自身弱点，我们就根本没有机会创造奇迹。我更加关注对手的弱点，同时思考我们该怎么做。"**

话虽如此，但很多人应该都有过"如果我们公司的知名度再高点就好了"的想法，除非你的工作环境得天独厚，否则你的工作中肯定会带着些许"缺憾"。

在既定条件下尽力而为

有时候我们因为领导的误解而感到愤懑，有时候我们又因为下属自说自话而感到难过，然而这些烦恼都很难排解。

此时，我希望你能想起阿德勒的名言：**"重要的不是你拥有什么，而是如何运用你所拥有的一切。"**

如果你对下属、领导或公司感到失望，那就立刻停止无意义的叹息，全力以赴做好现在能做的事。

人们正因为有不足之处，所以才会想尽一切办法，让自己成长。

78 第七十八话
你会在人前流泪，还是会让人流泪

不合时宜的眼泪会破坏人际关系

当领导指出下属所犯的错误时，下属最令人困扰的行为就是痛哭流涕。

因为，眼泪虽然也代表着悔过，但同时也有着"我已经很难过了，不要再责备我了""我已经很伤心了，快来安慰我"的含义。

阿德勒认为，悲伤、流泪和愤怒相似，都是让人疏远的行为，"**悲伤的人本身就是告发者，因此他已经开始和周围人对立**"。

正如阿德勒所言，哭泣的人是对领导批评的批判者和告发者。

阿德勒还说过："**哭泣和愤愤不平会破坏合作关系，它是一种有效征服他人的武器。**"

这种哭泣的行为，让对方难以反驳，甚至令人感到不适。

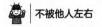

不要用眼泪当作武器，从而操控他人

日本首个南极越冬科考队队长西堀荣三郎说过："**所谓领导，本身必须是会流泪的人，但绝对不能让别人流泪。**"

下属当然可以寻求领导的宽待。但领导绝对不能要求下属对自己"手下留情"。而且也不能让别人流泪，这才是身为上位者的觉悟。

眼泪是有效的武器。但无论如何，也不能把眼泪当作让自己占上风的工具。要知道，眼泪会破坏人与人之间的关系。

79 第七十九话
为什么领导在不安时刻还要面带微笑

下属最擅长"读心"，不要让他看到你的不安

职业棒球教练野村克也说过，"战斗力""士气""变化""心理"，这四点对于竞技而言非常重要。

其中，"士气"尤为重要，尤其对于统领全队的教练而言，他的一举一动都会对球队的士气产生巨大影响。

假如对方投手完全没有投出好球，而我方的第一击球手却被四坏球保送。我方队员肯定会兴奋地想："今天对方投手的状态似乎不太好。"

尽管如此，如果主教练过于谨慎，发出触击球的信号，选手们必然都会感到惊讶，士气也会大幅下降。

相反，如今虽我方还没获胜，但胜机近在眼前，如果教练被唾手可得的胜利冲昏头脑、疏忽大意，就会传染给选手，使来之不易的胜利化为乌有。所以，同样的道理，领导也会把自己的懦弱传递给下属。

领导者要笑对困难

这就是阿德勒所说的"**勇气和胆怯一样会传染**"。

上位者不论遇到再大的危机，也不能悲观，不论局势多么顺利，也不能疏忽大意。

有一位企业家曾经多次帮助亏损的公司扭亏为盈，他说过"如果我不在坟墓前吹口哨，还有谁会吹呢"。正因为有这个信条，他才能永远把阳光的一面留给下属。

当周围人感到不安的时候，领导者仍需要面带微笑。只有这样，下属们才会重整旗鼓。

80 | 第八十话
想要驱使别人，自己先要动起来

人们不会随你心愿，所以你要主动出击

为了提高某制造业公司的业绩，总公司派来了一位 A 老总。

A 刚到公司的时候，最吃惊的是，几乎所有员工都不互相打招呼。制造业需要的正是齐心协力。从一个人到另一个人，从前道工序到后道工序的传递，这才是制造的本质。那么员工们互相不打招呼意味着什么呢？

我们现在假设一种情况：工厂会生产残次品或者延误工期。基本上，当一个问题发生时，所有相关人员都应该聚在一起思考如何应对。然而，人们连招呼都不愿意，那就更别提什么改善了。**沟通不畅就是最大的问题**。因此，想生产出优质产品更是难上加难。

于是，A 每天早上和晚上都会出现在工厂，并大声和员工们说"早上好"和"辛苦了"。

你的行动也能带动他人

因为 A 没有要求员工们互相打招呼，所以一开始几乎没有员工回复。不过不久后，就开始有人怯生生地跟他问好了。

A 表示，后来开始有员工主动找他探讨工作中的问题，并提出改善建议。过了几个月后，全体员工都能互相打招呼了。从那以后，即使发生了问题，员工们也能尽早提出改善方案，并付诸实施。

阿德勒说："你必须带头行动，即便一开始没人协助，你也要继续下去。"

与其抱怨周围的人不能为自己做什么，不如自己先为他人做些什么吧。看到你的付出，周围人也会慢慢改变的。

81

第八十一话
出现危机的时候如何让周围人出手相救

不要期望别人为你做什么，你要思考你能为他人做什么

"不要问国家能为你做什么，而要问自己能为国家做什么。"这句话出自美国总统约翰·F.肯尼迪（John F. Kennedy）的就职演说。

日本政府要员的就职演说的主题一般是："如果我当选了×××，我会……"但这些候选人提出的愿景，往往迎合权贵，显得趋炎附势。

肯尼迪的就职演说并未提出要与某个国家斗争，而是向世界呼吁"要和人类的共同敌人，即暴政、贫困、战争和疾病宣战"。

同时他强烈呼吁美国人民超越个人利益的局限，为自己的国家多做贡献。很多人从这句话中感受到了新时代的气息。

阿德勒认为，正因为每个人都不完美，无法独自面对困难，所以只有取长补短、鼎力相助，才能发挥巨大的潜能。他说："**精神健康的人不关心他人对自己的付出，而是关心自**

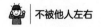

己能为对方做什么。"

阿德勒告诉我们，要承认他人的存在，关心他人、帮助他人。

有时候，人们很容易变得自私，只关注周围的人能为自己做什么，**但重要的是"自己能为他人做什么"**。

我们应该**养成习惯，经常思考自己能为对方做些什么**。这样一来，周围的人自然也会为你提供帮助。

82 | 第八十二话
面对失败者，要"恨罪不恨人"

绝不允许人格诬陷

在工作中出现失误或失败的时候，可能有人会否定你的价值，攻击你的人格，对你说"所以说你不行""为什么连这点小事都做不好"之类的话。

遭受人格攻击，会让人失去自信，精神上也会受到严重的打击。有时，我们甚至会对对方产生强烈的怨恨，同时心灵受到深深的伤害。

即使有社会经验的人也是如此。更何况，对于社会经验尚浅的新员工来说，如果上司突然批评，他们不仅会失去斗志，甚至可能会拒绝上班。

对于这种不考虑对方感受的说话方式和错误做法，阿德勒指出："**赏罚必须针对成功或失败的行为，不能针对人格。**"

换言之，怒发冲冠、肆意嘲讽、愤愤不平都是不可取的行为。

对于失败的人，最正确的态度是让他们主动思考为什么会

犯错。同时还要让他们吸取教训，避免下次再犯同样的错误。

　　成功值得表扬，失败也应得到善意的提醒，这都是理所当然的。但是，绝不允许人格诬陷，因为这可能会让对方产生自卑感，甚至自我封闭，还会让对方怨恨你。

　　"恨罪而不恨人"虽然很难做到，但做到这一点对于构建良好的人际关系至关重要。

83 第八十三话
创新始于一个人的热情，而不是多数人的决定

你的"理所当然"或许是别人的疑问

创新不能靠投票决定。很多时候，创新往往是"异端者"的奇思妙想。

这样想来，比起会议上大多数人都赞成的想法，遭到大多数人反对的想法似乎更能引发创新。

如果人人都对此持怀疑态度，那或许就是创新的起点。要知道，改变世界的想法不可能产生于"多数投票制"。

一方面，阿德勒说过"共同认识并不是常识或大多数人的想法"。反过来说，世间常识或者人人认可的道理也并非共同认识。

另一方面，阿德勒还说过，既然要在人与人之间的共同体中生活，我们就不能只使用"自己的语言"，而必须使用共同语言、共同逻辑和共同认识来与其他人交流。

缺乏共同认识的人总想着自己和现在的处境，总是以自我为中心。

多数意见未必正确

阿德勒还说过："人不能独存于世，而是要和其他人和睦共处。只有相互合作，生活才能更美好。"

当然，"常识"和创新是完全不同的两个维度。

但是，如果你已经了解"正确"并不等于"多数意见"，就会明白与人保持良好的关系是多么重要，因为大难临头时，你需要周围人的帮助。

84

第八十四话
不讲"惩罚"而说"相信"，人生因此不同

要相信人的可能性，给人以勇气

下面讲一个乔布斯小时候的故事。

乔布斯小时候很喜欢搞恶作剧，让周围人十分反感。小学四年级那年，他遇到了一位名叫希尔的老师，从此他的命运发生了巨变。希尔老师相信乔布斯的可能性，经常鼓励他，同时也对他非常严格。

从此之后，乔布斯不再沉迷于搞恶作剧，而是爱上了学习。他的潜能爆发了，好比铁树开花，成绩大幅提高并成功跳级。

因为有这段经历，乔布斯特别认可教育的力量，他曾经表示"童年只要有人帮你指明方向，哪怕只是稍稍调教，你将来的人生就会有很大的变化"。

阿德勒也曾说过："**或许让孩子离开那个只会严厉批判的班主任，转而让他接受另一位懂得理解孩子、耐心与孩子沟通、愿意给孩子勇气的班主任的指导，这个孩子就可能发生**

变化，进而取得巨大的成就。"

　　日本电产公司的创始人永守重信曾经帮助许多一蹶不振的公司起死回生。他认为哪怕面临亏损，只要保证厂区干净整洁，员工正常上班，早晚有一天公司会扭亏为盈。

　　提到企业复兴，我们难免会联想到裁员，但只要高层有决心，专心研究经营策略，员工自然也会做好自己的分内工作。所以，我们不需要裁员也能把公司带出泥沼。

　　如果一味惩罚别人，对方是不会做出任何改变的。要相信人的可能性，要给人注入勇气，要为他们指明方向。只有这样，他才会完成耀眼的蜕变。